小牛顿科

课堂上听不到的奇妙物理知识

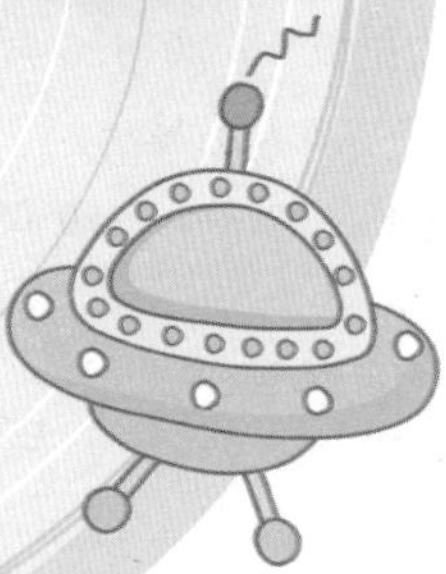

王维浩◎编著

中国纺织出版社

内 容 提 要

本书将带你开始一段奇妙的物理之旅！本书避开教科书的枯燥理论，以小故事、趣味推理、生活现象等多种形式为内容，为小读者揭开一个个课堂上和课外的物理知识小谜团。它能调动你全部的学习兴趣，培养你利用已会知识作为“工具”，自己解决问题的能力。本书内容丰富，版式新颖，并配以活泼有趣的插图，以及趣味十足的物理知识小游戏、小问题，在启发思维、激发想象力、开发创造力的同时，带你轻松畅游物理知识的海洋，为你开启学习的另一扇窗！

图书在版编目（CIP）数据

课堂上听不到的奇妙物理知识 / 王维浩编著. —北京：中国纺织出版社，2014.6 （2024.1重印）

（小牛顿科学馆）

ISBN 978-7-5180-0329-7

Ⅰ.①课… Ⅱ.①王… Ⅲ.①物理学—儿童读物 Ⅳ.①04-49

中国版本图书馆CIP数据核字（2014）第031176号

责任编辑：宋 蕊 责任印制：储志伟

中国纺织出版社出版发行

地址：北京市朝阳区百子湾东里A407号楼 邮政编码：100124

销售电话：010—87155894 传真：010—87155801

http://www.c-textilep.com

E-mail: faxing@c-textilep.com

官方微博http://weibo.com/2119887771

北京兰星球彩色印刷有限公司 各地新华书店经销

2014年6月第1版 2024年1月第3次印刷

开本：710×1000 1/16 印张：11.5

字数：98千字 定价：39.80元

前言

QIAN YAN

“小牛顿科学馆”丛书共分为四册：《课堂上听不到的奇趣生物知识》、《课堂上听不到的奇妙物理知识》、《课堂上听不到的神奇化学知识》、《课堂上听不到的趣味数学知识》。

本套图书避开教科书的枯燥理论，将课堂上应学会和课堂以外应知的相应科学知识通过趣味推理小故事和生活中的奇趣现象等实例引出，向小读者讲解相关的科学知识、常识，引导小读者关注隐藏在我们身边的科学知识，激发他们的学习兴趣，启发他们的思维。本套丛书内容丰富，版式新颖，并配以活泼可爱的插图，更增添了一些有趣的科学知识小游戏和激发创造力的小问题，让小读者在充满轻松趣味的氛围中学到知识、巩固知识、运用知识，同时打开小读者们的思维，帮助他们构建科学知识与日常生活之间的联想，开拓他们的想象力，在潜移默化中培养他们科学的思维方法、有效解决问题的方法以及学习、生活中必不可少的创造力！

同学们，你知道吗，当你翻开本书的时候，它将带你开始一段奇妙的物理之旅！本书不再是教科书中死记硬背、使人望而生畏的物理理论，而是通过小故事、趣味推理、生活现象等多种形式，为你揭开一个个课堂上和课外的物理知识小谜团。它能调动你全部的学习兴趣，激发你对物理学的热爱，培养你利用已会知识作为“工具”，解决生活中遇到问题的能力。

本书在带领你品味奇妙故事的同时，使你获得更多的知识；在启发你的思维、想象力，开发你的创造力的同时，带你轻松畅游物理知识的海洋，为你开启学习的另一扇窗！

编著者

2014年3月

contents

目录

一 大千世界中的百怪物理学

二 超乎想象的力学

三
一动一静的神奇声和光

四
神秘的幕后大师——电和宇宙

五

隐形的魔术大师——大气

一

大千世界中的百怪物理学

1.谁偷了金币

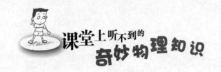

曾一度辉煌的拿破仑在经历1815年滑铁卢战役失败后，被流放到大西洋南部的圣赫勒拿岛。看管他的是英国人罗埃，他对拿破仑十分苛刻，只准一个仆人照料他。

一天，临近中午时分，仆人还没回来做午饭，拿破仑十分生气。正在这时，一个英国军官来说："阁下，你的仆人偷了长官的十枚金币，他被逮捕了。"

拿破仑怒不可遏："我的仆人绝不会干那种事！罗埃他连个仆人都不想给我留！"说罢就气冲冲地去找罗埃。

罗埃在生气中说了事情的经过。原来，那天上午，仆人来找罗埃，要他给拿破仑请医生。当时罗埃正在清查收缴的金币，便叫秘书把仆人领到东边套间等候。罗埃告诉拿破仑："我将金币放进抽屉里锁上，就去厕所了。三分钟不到就回来了，发现钥匙忘在桌子上。收好钥匙，我就叫你的仆人过来谈话。他走后，我又把抽屉里的金币清点一遍，发现少了十枚。不是你的仆人偷的，还会有谁呢？"

"在我的仆人身上搜到金币没有？"

"没有，想必是他藏起来了。"

拿破仑仔细看了看这个长官室，它的东西各有一个同样的套间，在通往套间的门上，门闩都在长官室这边，门上都装着毛玻璃。东边的一间，他的仆人刚才待过；西边的一间，罗埃的秘书正在办公。这两个套间又各自有门通向外面。拿破仑的手触摸到内门的毛玻璃时，他发现东间的门上，是毛玻璃的粗糙面在长官室一边，与秘书那间的毛玻璃方向相反。于是，拿破仑以不容辩解的口气对秘书说："金币是你偷了！"秘书狡辩起来。不过拿破仑的一席话让秘书低头认罪。那么，拿破仑说了什么呢？

科学揭秘

拿破仑说："毛玻璃粗糙的一面，是凸凹不平的。当光线射上去以后，就会向四面八方反射回来，这就是漫反射。这样，很少有光线透过玻璃，所以，隔着毛玻璃很难看清对面的东西。如果将水涂到粗糙面上，水就会将凸凹不平的地方填平，使漫反射大大减少，增多透过玻璃的光线，人就能隔着它看到对面的东西了。东间门上的毛玻璃粗糙面在长官室一边，我的仆人绝不可能将水涂到粗糙面上。而西间则可以办到，他可以清楚地看到罗埃把金币放在哪里。就在罗埃上厕所的当儿，他从西间迅速出门，由屋外面进入长官室，拿起桌上的钥匙开了抽屉偷走金币，然后再由屋外回到西间。"这番话让秘书哑口无言，只好交出金币。

考考你

奇怪，这支插在水中的筷子怎么会变成这样呢？你知道吗？

答案

这是光的折射现象导致的。光的折射即光从一种透明介质斜射入另一种透明介质时，传播方向一般会发生变化。由此，我们看到插入水中的筷子发生了"偏折"。

2.墓石移动之谜

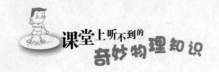

1924年，英国的侦探小说《福尔摩斯探案集》的作者柯南·道尔在英国北部旅行，一位男爵夫人找到他，说：“五年前，先夫不幸去世。我为他建造了一座墓。谁知每年到了冬天，墓石就会移动一些。”

“墓石仅仅在冬天移动吗？”

“是的。这个地方的冬季特别冷。每年一到冬天，我就到法国南部的别墅去。春天再回来，并去先夫墓地扫墓。这时，总发现墓石有些移动。”

柯南·道尔好奇地请夫人带他去墓地看看。

在一堆略微高起的土丘上，墓地朝南而建。四周有高高的铁栅栏围住。在沉重的四方形台石上面，有一个直径80厘米的用大理石做成的石球。为了不使石球滑落，石台上挖了一个浅浅的坑，把石球正好嵌在坑里面。正面的十字架差不多快隐没在浅坑里了。

浅坑里积有少量的水，周围长满苔藓。如果石球的移动是有人开玩笑，用杠杆来移动它，那在墓地和苔藓上总该留有一些痕迹，可又一点痕迹也没有。单凭一个人的力气是根本推不动那石球的。

“会不会是地震的缘故？”柯南·道尔问。

“附近的人说最近几年里没发生过地震。我想，一定是亡夫在显灵。”

柯南·道尔摸了一下浅坑里的积水，沉思了片刻后说：“夫人，石墓的移动与男爵的灵魂没有任何关系。”接着，他讲出了一番道理。

那么，你知道柯南·道尔是怎么解释的吗？

科学揭秘

原来，这个地方的冬天特别冷。由于下雨落雪，使坑里积了水，到夜晚就结成冰。白天，这坑里南面的冰因受太阳的照射，又融化成水，而北面由于没有太阳照射，仍结着冰。这样，北面的水结成冰，而南面的冰又融化成水，沉重的石球便渐渐出现倾斜，从而非常缓慢地向南移动。其正面的十字架，必然也会渐渐地被隐埋起来。这就是男爵的墓石之所以移动的原因。

知识链接

在力学系统里，平衡是指惯性参照系内，物体受到几个力的作用，仍保持静止状态，或匀速直线运动状态，也叫作物体处于平衡状态，简称物体的“平衡”。因稳定的不同，物体的平衡分为稳定平衡、随遇平衡、不稳定平衡三种情况。

3.伽利略断案

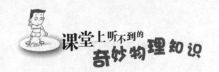

伽利略有个女儿在附近一个修道院当修女。一天，他接到女儿来信，看完信后，他来到女儿的修道院里。

“出事的现场在哪里？”伽利略问。

“在钟楼第四层的阳台上。”女儿一边用手指一边说。

阳台高度大约15米，阳台下面是条大河，对岸在40米以外。

女儿描述着，他们是昨天早晨发现索菲尔死在阳台上的，她的右眼被一根细细的针刺过，针丢在尸体旁。那天晚上风很大，而钟楼下面的大门是从里面闩好的，没发现有第二个人在里面。不可能自杀，因为索菲尔是一个虔诚的教徒，绝不会违背教规而轻生。突然，他萌生了个念头，凶手不可能从河那边把毒针射过来。

“她为什么一个人在晚上去钟楼呢？”他问女儿。

“听说她对您支持哥白尼‘日心地动说’的著作很佩服，经常偷阅这本书，但又不能被院长发现，那晚一定是上钟楼去观察星星和月亮了。”

“有人对她恨之入骨吗？”伽利略问。

“好像有个同父异母的弟弟，为遗产分配的事特别恨她。出事的前一天，她弟弟送来一个小包，我不知道是什么。整理遗物时不见了。”

伽利略沉思了一下说：“也许能在阳台下面的河底找到一架望远镜。”

果然不出伽利略所料，真的在他所说的地方找到了一架改装过的望远镜。

“望远镜与杀人有什么关系？”女儿仍然一头雾水。伽利略讲述了他的推测。

科学揭秘

伽利略在排除了索菲尔自杀和凶手现场杀人的可能以后，猜想凶手一定用狡猾的方法让索菲尔在观察星空时，无意中用自己的手向自己射出毒针。他对女儿说：“索菲尔的弟弟事先在望远镜的镜筒里装上毒针。为了看清星星，索菲尔会在右眼贴进镜筒时，转动镜筒。镜筒中有螺纹，螺纹是斜面的一个应用：沿斜面移动较长的路程，镜筒才沿着‘斜面的高’向前移动较短的路程，以保证精确地调节镜片之间的距离。就在她转动镜筒时，将连着毒针的压缩弹簧拉断，弹簧发生形变时储存的能量把毒针射出。索菲尔疼痛难忍，望远镜失手落水，她急忙将毒针拔出，却不敢喊救命。等毒性发作，就死去了。”伽利略丰富的科技知识帮助他破了案。

考考你

请你看左下角的图，这是两个相连的容器，它们都有水，可是其中有点儿不对劲。你看出来了吗？

答案

容器中的水应该在同一个水面上，因为两个容器的水平面受的大气压力是一样的。

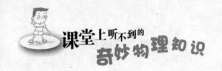

4.神秘的死亡

在20世纪50年代，马六甲海峡发生了一件令世人大哗的奇案。一艘名叫“乌兰·米达”号的荷兰货船在经过马六甲海峡时，船上的全体船员以及携带的一条狗全部死亡。经过调查发现，这些死亡的人身上没有外伤，也没有中毒的迹象，倒像是心脏病突然发作而死亡的。但这是不可能的，因为船上的所有人，包括那条狗不可能在同一时间心脏病发作，而且这些船员在出海前身体都是好好的。几十年过去了，侦破工作仍然没有丝毫的进展，后来案件终于告破，你知道这个凶手是谁吗?

科学揭秘

凶手就是看不见、听不着的“次声波”。次声波是一种声波，它比普通的声音振动得慢一些，每秒钟振动不到20次。因为它振动太慢，人的耳朵就听不到它了。虽然用耳朵听不到，但它对人体的危害非常大。如果用强力次声波照射人体可能引起人体感觉失常，人会感到步履维艰，似乎有个力在强迫其旋转，这时人的眼球也会不由自主地转动。当“乌兰·米达”号驶过马六甲海峡时，海面发生了强大的风暴，在外界声波的不断激励之下，人的心脏吸收了次声波的能量而强烈地颤动起来，由此导致心脏狂跳、血管破裂，最后心脏麻痹、血液停止流动而致死亡。

知识链接

人类周围的次声波：①自然次声，如狂风暴雨、闪电雷鸣、极光放电、流量爆炸、火山爆发以及地震、海啸、台风等都可以发出频率在0.01～10Hz的次声波。②人体次声。人体本身也是次声源，如心脏跳动可发出5～20Hz的次声波，我们称之为人体次声。此外，高速行驶的卡车以及核爆炸、火箭起飞等都能产生次声波。

5.塑料大棚起火案

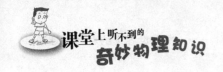

植物学家普兰特在自家院子里盖起塑料大棚，栽培稀有花草。可是在一个晴朗的冬日中午，大棚发生火灾，所有的花草付之一炬。是大棚中的枯草着了火。

然而奇怪的是，塑料大棚里没有一点火源，也没有放火的迹象。大棚外面的地面前一晚下过一场雨，湿漉漉的，所以如果有人来此纵火，照理会留下足迹的，可周围没有发现任何足迹。

普兰特找不出起火原因，便请罗波侦探出马查个究竟。

罗波侦探立即赶来，详细勘查了现场。

“昨晚的雨量有多大？”

“我院子里雨量表上显示的是约27毫米，可今天从一早起就晴空万里，没有一丝云彩呀。”

“阳光直射塑料大棚，里面会产生多高的温度？”

“冬季是十七八度，可这个温度是不会自燃起火的。”普兰特回答说。

“没有取暖设施吗？”

“是的，没有。”

“棚顶也是用透明塑料膜的吧？”

“是的。”

“果然如此…… 那么，起火的原因也就清楚了。”罗波侦探马上找到了起火的原因。

那么，你知道到底是怎么起的火吗？

科学揭秘

是积水形成的“凸透镜”所致。塑料大棚的棚顶有坑洼处。因前一晚下雨洼中积水，而积水正好形成凸透镜状，阳光折射聚集。其焦点的热量使塑料大棚里的干草自燃起火。

知识链接

凸透镜具有聚光的作用。汽车前部两侧的反光镜通常是凸镜，它的视野比平面镜更大一些。车内中央的后视镜常是平面镜，车灯的反光罩是凹镜，它能会聚光线。在汽车上有的地方也要防止光的反射，如挡风玻璃做成斜向，从光学角度来说可有效防止外部强光的反射，以免影响驾驶员驾驶。

玩一玩

用剪刀把硬纸板剪成一个放大镜形状的模型。把透明塑料纸粘在模型中间的洞口上，小心地在透明塑料纸上滴一些水。把报纸平铺在桌上，试试看，你的放大镜制作成功了吗？

科学原理

这其实就是凸透镜的放大原理。这里的“凸透镜”其实就是塑料纸上的水。

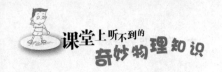

6.上帝的垂青

死海，西亚一个非常有名的地方。

在古代，国家与国家之间经常发生战争。战争失败后被抓住的俘虏，身强力壮的留下来做奴隶，身体差的就全部被处死。

在一次战争之后，战胜国抓了许多俘虏，这时，一位将军就命令把决定处死的俘虏全部扔到死海里淹死。

令人吃惊的事情发生了，那些被扔进死海里的俘虏，总是浮在海面上，就是不沉入海里。这位将军很生气，命令将这些俘虏都绑上大石头，然后再往海里扔。但是结果让所有的人都没有想到，那些俘虏仍然浮在海面上，没有被淹死。

那位将军认为这是上帝不让俘虏死，心想如果坚持处死俘虏的话，上帝会惩罚自己，所以就决定放了他们。

难道这真是上帝的垂青吗？如果不是，那这又是怎么一回事呢？你知道吗？

科学揭秘

当然，这根本不是什么上帝的垂青。许多年过去以后，人们才知道，那是因为死海里的盐分含量相当大，所以死海的密度很大，浮力也就大得惊人，人被扔进去后，总是浮在海面上，不会沉入海里，即使绑上石头也不会沉下去，所以也就不会被淹死了。

知识链接

死海位于亚洲的西部，是一个叫海的湖。湖面比海平面低392米，是世界上最低的湖泊。死海的含盐量高达23%~25%，由于湖水的含盐量高，湖水的比重已经超过了身体的比重，故跳进湖里的人会浮在水面上，不会游泳的人在死海里也不会被淹死。既然人都淹不死，为什么还叫它死海呢？这是因为湖水太咸，不但湖里没有鱼虾，连湖边也不长草，鸟更不会飞到这里来，整个湖区死气沉沉，没有一点生气，所以得了个死海的名字。有人曾计算过，死海里的盐够40亿人吃2000年。

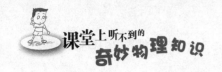

7.和尚的心病

古时候，洛阳有个和尚买了一个磬放在房间里。自从这个磬放在房间以后，经常无缘无故地发出“嗡嗡”的声音。这件奇怪的事情在寺庙里渐渐传开了，寺里的和尚都认为这是鬼在作怪。他们想了许多办法要把这“鬼”驱走，但都没有成功。

这时，买磬的和尚也被吓出了病。有一天，他的一位朋友来探望他，这个人是个乐师。乐师拿起磬敲了敲，左看看，右看看，折腾了好长时间也没搞清楚是什么原因，也只好无奈起身告辞。这时，寺里的大钟响了，那个磬也跟着“嗡嗡”地响起来。乐师看了看磬，紧皱的眉头舒展开来。他笑着对买磬的和尚说：“你不用担心，明天我来把‘鬼’赶走。”

第二天，乐师果真来了，他从怀中取出一把锉刀，在磬的不同地方狠狠地锉了几下。自从锉过以后，那个磬再也没有发出“嗡嗡”的声音了。

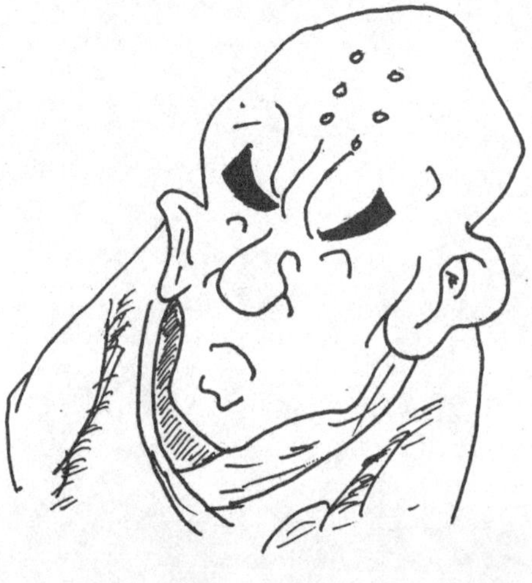

寺里的和尚都前来问那乐师原因。你知道这是怎么回事吗？

科学揭秘

乐师告诉大家，那是因为寺里的大钟的频率和磬的频率一样，它们产生了共振。把磬锉了以后，它与大钟的频率就不同了，也就不会再“嗡嗡”地响了。

考考你

在衣架上系十来条细线，间隔为5毫米，每根线拴一颗爆米花，把衣架挂起来。找一根橡皮筋，用嘴咬住一端，用右手拉紧另一端，靠近爆米花下部，左手拨动橡皮筋。那么，爆米花会随之摆动吗？为什么？

答案 会。由于橡皮筋振动，引起周围空气的振动，就使爆米花摆动起来。这说明声音就是通过振动在空气中传播的。

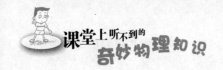

8.突然的爆炸

刘然是北京的一个大货车司机。有一天，他接到一桩生意，需要他从新疆往北京运木料，他十分乐意地接了这笔生意，心想：跑完新疆一趟，就带儿子去欢乐谷玩，好久没有陪自己的孩子了 。

在通往新疆的高速公路上，刘然驾着自己的货车疾驶，公路两旁的景物向后急速闪去。突然间一声巨响，从后面的槽厢里喷出一个火球，这火球随即点燃了油箱。刘然知道不妙，立刻靠边停车，推开车门，就在他刚刚跳出驾驶室的一瞬间，一声巨响，货车爆炸了，刘然也受了重伤。

家人闻讯赶来，都十分悲痛。警察赶来处理交通事故，刘然的妻子十分不解地问交警："我们家刘然没有超速，也没有违章行驶，为什么会出现这种情况呢？"

交警回答说："造成这一不幸的事故原因，要从一塑料桶汽油说起，因为爆炸是从那里开始的。"

你知道交警为什么会这样说吗?

科学揭秘

原来，为了长途行车方便，司机用塑料桶装了一桶汽油放在车后面。行驶过程中，桶里的汽油在不断地晃动中和塑料桶壁摩擦、撞击，由于汽油和塑料桶都是电的不良导体，摩擦产生的电荷不断地积累，而且越积越多。塑料桶壁和汽油之间开始放电，产生火花，就像打了一个小的闪电。就是这个小小的火花，点燃了汽油桶上面的汽油蒸汽与空气的混合气体，引起了爆炸。

知识链接

静电火花不仅会引起汽油的爆炸，砂糖、面粉、茶叶末、奶粉、咖啡粉、煤粉、铝粉、木粉等，如果在空气中悬浮的数量达到一定的程度，也都会因为静电火花或其他火花而产生爆炸。在工业史上，面粉厂、铝制品厂因为空中的粉尘太多发生爆炸的事时有发生。静电是在摩擦中产生的，在干燥的冬天用梳子梳头，常常可以听到噼噼啪啪的声音，这是梳子和头发之间在放电；我们从地毯上走过去摸铁门柄，常会在手指和门柄之间打一个火花。

静电现象在我们的生活中也有许多可以应用的地方，如静电除尘等。

9.爱迪生为自己洗冤

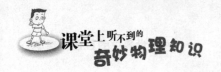

有一天晚上，尼伯格高兴地约爱迪生到自己家看一下他自制的电报接收机，以便让爱迪生提点建议。

尼伯格的实验室是个马棚改装的。在开门时，他对爱迪生说："里面放的东西很挤，我先进去点上灯，你再进来。"

说完他就去点灯，没过一会儿，突然传来一声枪响，爱迪生立刻冲进门，他被眼前的情景惊呆了，尼伯格被枪杀了。这时尼伯格的妻子和他的堂弟闻讯赶来，一口咬定爱迪生就是凶手。一会儿，警察也来了，把爱迪生铐了起来。

爱迪生要求警察好好观察一下现场，他对警察说："请看，手枪是从那根柱子上掉到地上的。柱子上有个大弯钉，那里还有被火药烧焦的痕迹。若把手枪挂上去，枪口朝斜下方，正好能对准尼伯格点灯时所站的位置。"

警察拿起手枪挂到大弯钉上，为了能挂牢，必须把扳机插到大弯钉的圈里。

"不过，这样一来，手枪一动不能动了，那么，是谁扣动扳机的呢？难道是自动发射的？"警察问。

爱迪生早已注意到枪口离柱子的距离仅1厘米，而且在枪口上方的柱子上还有一个铁片，有一根电线上通天花板，下通地面，这一切似乎都掩盖得很好。爱迪生对警察说："请将柱子上枪口旁边的那个铁片取下来。”

想不到尼伯格的堂弟极其蛮横地阻挡警察取铁片。爱迪生全明白了，大声对警察说：“凶手就是他！请将他看住，听我来揭穿他的阴谋！”

你知道爱迪生是怎样揭穿尼伯格堂弟的阴谋的吗？

科学揭秘

警察取下柱子上的那块铁片，果然在柱子里看到了爱迪生预料的电磁铁，就是一个带铁芯的线圈。

“如果通入电流，这铁片就有很强的磁性，这磁力足能向上吸动枪口，这样，扳机就被扣动了。”爱迪生解释着。

“谁来给电磁铁通电呢？”警察问。

“是尼伯格点灯时接通了电流，当然他自己并不知道。请你把地面上压住电线的木板拿开。”

果然有电线通到尼伯格点灯时所站的地方，下面有两个小铁片。爱迪生接着解释说：“这两个小铁片平时是不接通的，人一站上去，把两个小铁片压在一起，就通电了。所以这是个简单的开关。”

“那么，电源又在哪里？”

“肯定是在天花板上。你顺着柱子上的电线往上找。”很快，爱迪生的话又一次被证实。

这样，警察便认定尼伯格的堂弟就是凶手，他利用电磁铁作案。

10.居里夫人的判断

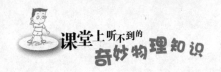

一天清晨，法国著名物理学家、化学家居里夫人骑着自行车上街。

这时刚下过雨，街上行人很少。突然，她发现在路旁躺着一个正在流血的警察，腹部被人刺伤，生命危在旦夕。居里夫人忙解下脖子上的围巾，捂住警察的伤口。

警察痛苦地呻吟着，断断续续地告诉居里夫人，五六分钟前，他查问一个青年，那青年突然拔刀朝他刺来，接着骑上警察的自行车逃走了。警察说着，用手朝犯人逃跑的方向指了指，就断气了。

居里夫人请路人帮忙照料一下，自已向警察所指的方向追去。但没追多远，前面出现了岔道。凶手往哪边跑了呢？她朝两边望去，左边和右边的路，都是不太陡的上坡路。在离开岔口40米的地方，两边的路都铺了一层黄沙。她先观察了右边的路，在松软的黄沙层上清楚地有着自行车车胎的痕迹。她想："凶手好像是从这条路逃走的。"但她马上发现在左边路上的黄沙层上，同样留有车胎的痕迹。她仔细地分析了两边车胎的痕迹：右边路上的车胎痕迹，是前后轮深浅大致相同；而在左边路上前轮的轮胎痕迹，要比后轮的浅。她想了想，马上明白了是怎么回事。

这时，有个刑警也骑着自行车赶来了。居里夫人说："杀人凶手是从右边这条路逃跑的。"

在听了居里夫人的解释之后，刑警点点头，急急追去，果然追到了那个凶手。

那么，你知道居里夫人是怎么解释的吗？

科学揭秘

因为通常骑自行车的人，他的身体重量主要在后轮上，所以在平坦的路上或下坡时，前轮车胎的痕迹浅，后轮的痕迹深；在上坡时，由于骑车的人必须朝前弯着腰，使重心落到把手上，前轮和后轮车胎的痕迹就大致相同了。现在这两条路都是上坡，那凶手车轮的痕迹应该前后的深浅差不多，而右边路上的痕迹正是这样，所以凶手是从右边逃走的。左边路上是下坡的痕迹，不可能是凶手的。

考考你

佳佳最多只能跳3米远。他从岸上跳到了离岸3米远的船上，他还能从船上跳回离船3米的岸上吗？

答案

不能。因为在他从船上起跳时，会给小船一个力，这个力会使小船向远方滑去，增大了与岸边的距离。

11.阿贝贝的眼力

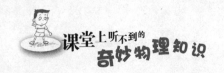

曾两次获得奥林匹克马拉松冠军的埃塞俄比亚选手阿贝贝，后来的一次车祸改变了他的人生，让他的余生不得不在轮椅上度过。他出席在英国举行的残奥会期间，曾受命去拜访一位世界著名画家，这位画家也是坐在轮椅上的残疾人。

画家住在伦敦郊外的古城堡里，阿贝贝与使馆人员共同前往。画家的秘书出来迎接，并用电话与四楼联系——那是画家的画室。

画家在电话里客气地说："请阿贝贝先生用茶，请稍等，我这就乘电梯下来。"

当电梯下到一楼，门自动打开时，大家都惊呆了：画家坐在轮椅上奄奄一息，脖子上刺着一把短剑，剑柄上挂着一根很粗的橡皮筋。他们立即把画家推出来放置好。

"奇怪，画室里只有画家一个人。"秘书说，并告诉大家，除了电梯，楼里还有一个螺旋楼梯。

"我们分别上去看看。"阿贝贝建议。他坐轮椅进入电梯，秘书领使馆人员由螺旋楼梯上去。他们在四楼会合，没发现有什么可疑的地方。

"我去看看电梯上下经过的竖道里有什么异常情况。"秘书悲伤地说。

秘书打开楼梯的天花板，爬到四楼顶上去了。使馆人员在报警后也跟着上去，却找不到秘书。阿贝贝忽然想起刺在画家脖子上的那把剑，想到上面的橡皮筋，想到电梯顶棚上的通风口，便对使馆人员说：“那个秘书就是杀人犯！”

那么，你知道阿贝贝的理由是什么吗？

科学揭秘

阿贝贝分析说，秘书一直觊觎画家的成果，他想利用这次来访之机，借刀杀人，转移警察视线，就预先在楼顶拴上一根又粗又长的橡皮筋，它的下端拴上一把锐利的短剑，通过电梯上的通风口悬挂在电梯里。画家乘电梯时，因为是坐轮椅，他的位置只能在电梯间的正中，恰好在短剑的下方。当他进入电梯时，一般不会抬头向上看，难以发现头顶上的短剑。当电梯下降时，短剑挡在电梯里，橡皮筋被拉长，短剑受到向上的拉力，压在电梯顶部。当橡皮筋的伸长度远远超过它的弹性限度时，就被拉断。这时，悬空的短剑就会下落刺中画家。秘书假装查看，抽身逃走，这反倒露出了马脚。

知识链接

一般情况下，凡是支持物对物体的支持力，都是支持物因发生形变而对物体产生弹力，所以支持力的方向总是垂直于支持面而指向被支持的物体。

12.林肯推断

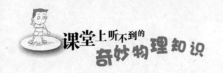

林肯24岁时在一个乡村邮局当代理局长。每天的工作就是把信送到收信人手中。

一天早晨，他给刚来这里不久的一位神父送信，却一直叫不开门。他想神父也许出去散步了，于是便去田野间寻找神父。还没走多远，他就远远看见神父倒在地上，背上还插着一支箭。

林肯马上报了警，当警察来到时，一看那支箭，就知道这是与这个村有仇的一个土著酋长在实施报复。

细心的林肯发现杀人现场既没有留下凶手的脚印，也没有被害人的脚印。这脚印哪儿去了呢？

“没有凶手的脚印，这不奇怪。”警察说，“因为凶手是从远处射的箭。”

“可是昨晚下过雨，土是湿的，如果神父走过，一定会留下脚印。”

“或许神父是昨晚下雨以前就被害了，雨水把脚印冲掉了。”

“如果是那样，神父的衣裳和身体也应该是湿的。”

“是风吹干了吧！”

“等会儿，你看神父伤口凝固的血，并没有被雨水冲洗的痕迹。”

身高1.93米的林肯环顾四周，他看到了在3米远的地方有块高2米的板墙。板墙的那边是个破旧的大院，院子里有棵大树，树上还挂着一个秋千。林肯细心地观察，在板墙的附近也没有脚印。

突然，林肯说："我知道为什么没有神父的脚印了！"

你知道吗？

科学揭秘

原来，神父早晨散步来到院子里，心里高兴，就荡起了秋千。而藏在远处的凶手，正好在神父荡到最低点，就是离地面最近时射中了他。荡秋千的过程，是重力势能与动能互相转化的过程。经过最低点时，势能最小而动能最大，所以此时人的速度最快。神父被箭射中后，失了手，在惯性的作用下，被斜向上抛出，在脱离秋千踏板后，被抛过2米高的板墙，落在板墙外3米远的地上，所以没有留下他的脚印。从理论上讲，若以与地面成45°角斜向上抛出，则抛得最远。

玩一玩

把玻璃球放在桌子上，用罐头瓶将玻璃球扣住，逐渐快速转动罐头瓶，观察玻璃球的变化。你会看到玻璃球一边做着圆周运动，一边沿着罐头瓶的瓶壁朝上运动。

科学原理

每一个迅速转动的物体在离心力的作用下都有一种向外运动的趋势。由于离心力可以克服物体的重力，所以，玻璃球会在罐头瓶里向上运动。

13.在上游找石兽

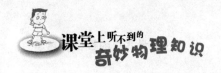

这个故事发生在清朝。在天津府的沧州南面，有一个大沙河，在沙河的对岸有个寺庙，因寺庙年久失修，有一年寺庙的大门突然倒塌，连同大门两旁的两个石兽一同落入河中，并沉入河底。

十几年后，庙里的和尚募集到足够的钱财开始重修寺庙，下河去打捞那两个石兽，可怎么也找不到。他们想，可能是被河水冲到下游去了。于是又划着船，拖着铁耙，沿河向下寻找。划呀划，转眼之间就划了十几里，但仍没有石兽的踪影，他们想，石兽真的会冲到那么远的地方吗？

当时有位老先生在庙里讲学，他听到寻石兽的事后，笑这些和尚："你们怎么这么不懂事物的道理呢？石兽有几百斤重，哪能像木片、树枝那样被水冲走呢？你们为何不想想，石兽那么重，河沙又那么细，容易流动，石兽必定会沉入河沙的深处。"

老先生言之有理，众僧叹服，准备放弃继续向下游寻找的念头，改在寺庙附近的河床挖沙，寻找石兽。

可恰在此时，有个看守河堤的老河工却说："凡在沙河中丢失的石头，必须到上游去找才能找到。"并说出了一番道理。

众僧半信半疑，不过此法比在水下挖沙容易得多，他们还是决定一试。于是划船向上游寻找，没划出几里地，果然找到了石兽。

那么，你知道这是什么道理吗？

科学揭秘

我们知道，石头又坚实又沉重，而河沙又细又轻又松，容易流动。所以，水冲不动石兽，而能冲走河沙。被冲走的河沙是不是将石兽埋没了呢？这要看河沙是怎样被冲走的。水流冲到石兽上，便被石兽挡住，这部分水流会被反弹回来，形成旋涡，这旋涡又会将石兽下面的沙冲成个坑。水不断地流，旋涡就不断地将沙坑越冲越深，越冲越大。等石兽下面的沙有一半被冲走后，石兽就会因为得不到支持而倒向坑里。水流继续冲击，继续形成涡流，石兽就会继续逆着水流方向倒向坑里，这样，越滚越向上游方向移动。所以要向上游去找。

知识链接

流水推动物体的力量和水的流速的平方成正比。

玩一玩

把两个空易拉罐倒扣在桌子上，拉开一定的距离摆放。把薄长条木片搭在两个空易拉罐上，再把电动玩具汽车放在木片上，并让其启动前进。当玩具汽车向前走时，木片就会同时向后运动。

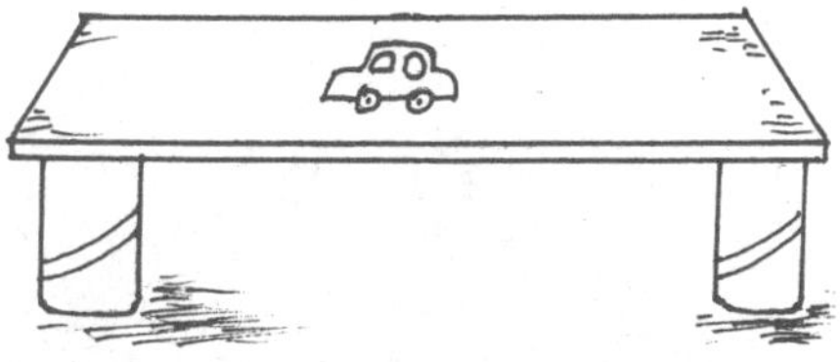

科学原理

根据牛顿第三定律，两个物体间的作用力和反作用力，总是大小相等，方向相反，作用在同一条直线上的。如果木片和玩具汽车重量相同，它的运动速度也会一样。如果木片重于玩具汽车，它就会在玩具汽车下缓慢地运动，如果木片轻于玩具汽车，它就会在玩具汽车下快速地运动。

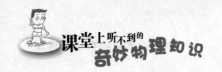

14. 穿红色泳装的女间谍

这是一个火热的上午，海滨浴场挤满了人。大椰子树的树荫下，探长正悠闲地看着书。突然，一个打扮漂亮的女人朝这边走来。她身穿一套鲜红的泳装，头戴红色游泳帽，亭亭玉立，妩媚动人，看上去很面熟。噢，这不是女盗香妹嘛。还是第一次看见她身穿泳装的打扮呢，差点让人认不出来了。

她好像也敏感地察觉到了探长的视线，不知为什么突然转过身去，一溜儿小跑着钻进大海。

难道她是来这个旅游胜地做什么坏事的？探长有一种直觉，便分开人群，紧紧跟在她后面追了过去。不巧，他没有穿游泳裤，不能下水。无奈，探长只好站在海边监视着。这里是一望无际的太平洋，所以嫌疑人从海上绝不会逃脱，她游累了自然会上岸的。

然而，香妹一会儿露出水面，一会儿潜下海去，转眼间就不见了。探长瞪大眼睛寻找着四周，根本找不到穿红泳装的女性。

实际上，香妹早已混杂在人群中，悄悄地上岸逃跑了。可是，她到底是怎样瞒过探长的眼睛的呢？

科学揭秘

泳装是变色的。香妹穿的红色比基尼泳装是温感变色衣料，会因温度的变化而变色。所谓温感变色衣料，是含有超微粒子的缩微胶囊的特殊树脂贴胶衣服。它在受到阳光照射温度上升时虽为红色，而在浸入海水温度下降后就会变成其他颜色。另外，香妹的游泳帽里放有防水镜，戴上它还可以遮住脸。因海水浴场游客太多，熙熙攘攘，探长又一味地盯着穿红泳装、戴红游泳帽的人，所以一不留神让香妹溜掉了。

知识链接

所谓变色纤维是一种具有特殊组成或结构的、在受到光、热、水分或辐射等外界条件刺激后可以自动改变颜色的纤维。目前，变色纤维的主要品种有光致变色和温致变色两种。前者指某些物质在一定波长的光线照射下可以产生变色现象，而在另外一种波长的光线照射下（或热的作用），又会发生可逆变化回到原来的颜色的纤维；后者则是指通过在织物表面粘附特殊微胶囊，利用这种微胶囊可以随温度变化的功能，而使纤维产生相应的色彩变化，并且这种变化也是可逆的。

玩一玩

往平底盘内倒半盘水，镜子靠盘边竖立在水中向后稍倾斜，呈仰角。手持打开的手电筒在近水处对着镜面照射，白纸放在手电筒上方，正对着镜子反光处。调整白纸和手电筒的角度。仔细观察白纸，你会看见白纸上会呈现红、橙、黄、绿、蓝、靛、紫等颜色。

科学原理

手电筒的白光被折射后，分解成不同的颜色。

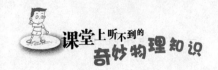

15.青铜像作证

亨利和约翰是同事。

一天，两人竟然扭打着到了警察局。亨利向警官诉说：“昨晚家里所有的灯都熄了之后，我突然听到扭打声。于是，我跳下床去看个究竟，正撞上一个人从我妻子房里跑出来，窜下楼梯去了。我跟在他后面猛追，当那人跑到后门走廊时，我借着门口灯光，认出他是约翰。他大约跑出100米远，扔掉了一件什么东西。那东西在乱石上碰撞几下之后滚进深沟，在黑暗中撞击出一串火花。我没有追上约翰，回到住所一看，妻子被钝器击中，死在了床上。”

警方按照亨利说的地点，找到了一尊森林女神妮芙的青铜像，铜像底部沾的血迹和头发是亨利太太的，而且在青铜像上取到一枚清晰的指纹，是约翰的。

约翰说：“指纹可能是前几天我在他家观赏铜像时留下的。”

警官沉思片刻，

肯定地说："亨利是在诬陷约翰。"

那么，你知道警官的依据是什么吗？

科学揭秘

亨利声称约翰逃跑时扔掉的那件东西，在岩石坡上撞击了几下之后滚下深沟，还在黑暗中划出一串火花，后来证实那是一尊女神妮芙的青铜像，并被认为是凶器，但这是不可能的。因为青铜是一种材质较软的金属材料，它在岩石上是不会撞击出火花的。

知识链接

勾践剑在地下埋了2000多年，出土时仍光彩照人，异常锐利。经实验分析，该剑体是青铜的，含微量镍。从秦始皇兵马俑坑出土的铜兵器也锋利如新，是经过铬化处理的。

考考你

这是两颗相同的铜钉，可它们一个生的是青绿色锈，一个生的则是黑锈，这是为什么？

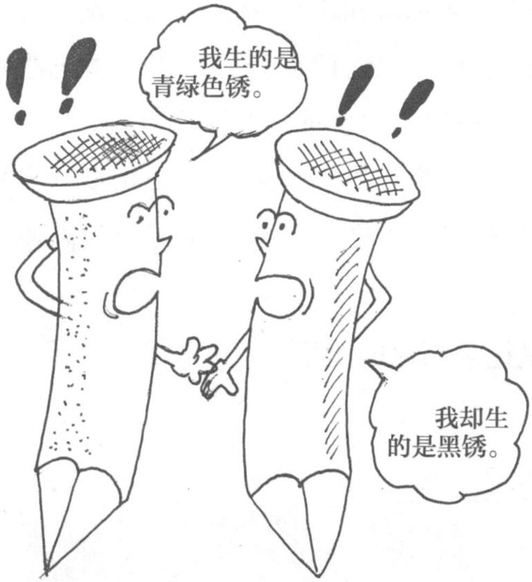

答案

铜在高温里生黑锈，在常温中生青绿色锈。

16.深水下的阴谋

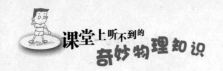

在太平洋某处水下40米的地方，有一个日本的水生动物研究室，研究室里有主任高原和他的三个助手青海、广根、江水。在那个地方水下压力为5个大气压。

一天吃过午饭，三个助手穿上潜水衣，分头到海水部去工作。下午，1点50分左右，陆地上的伊藤来研究室拜访。一进门，他看见高原满身血迹躺在地上，已经死去。

警察根据现场调查，发现高原是被枪杀的，时间为1点左右，于是，警方传讯了三名助手。但他们都说在12点40分时离开了研究室。青海说：“我离开后游了大约15分钟，来到一沉船附近，观察了一群海豚。”广根说：“我同往常一样到离这里10分钟路程的海底江水那儿去了。回来时是1点左右，看见青海在沉船旁边。”江水说：“我离开研究室后，就游上陆地，到地面时大约12点55分。当时黄飞小姐在办公室里，我俩一直在聊天。”黄飞小姐也证实了这一点。

警察听完三位助手的话后，背着手在室内踱了一会儿步，突然对三位助手说：“你们三个当中有一个说谎了，他隐瞒了枪杀高原的罪行。”

那么，谁是说谎者？谁是枪杀高原的凶手？

科学揭秘

江水是说谎者，他杀害了高原。因为研究室在水下40米的地方，大约有5个大气压，要想从这样的深度游向地面，必须在中途休息好几次，使身体逐渐适应压力的改变。如果用15分钟就游到地面，那是无论如何也做不到的。

知识链接

我们用吸盘式壁钩的时候，首先将钩内的空气排走，让钩紧紧贴在墙壁上，这就是应用了大气压力的原理。

考考你

这个盛满水的水桶壁上有A、B、C三个塞子，当同时拔去这三个塞子时，哪个孔中喷出的水射得远？

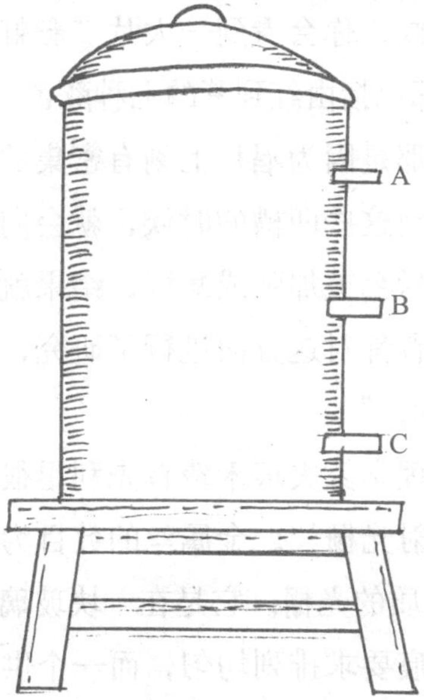

答案

C孔。水的下层压力大，上层压力小，所以C孔的压力最大，就射得最远。

17.彩色的唱片

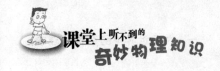

这是一次光学实验课，老师拿出一张旧唱片做实验。

老师介绍道："一般唱片是黑色的，但是从某一角度望去，它上面会呈现出绚丽的色彩。同学们，你们知道吗？那么，怎样才能欣赏到唱片的绚丽色彩呢？"

同学们摇了摇头。

老师说："你们站在窗前，把唱片水平地举到和眼睛差不多高的位置，以一只手轴，慢慢地转动它，同时注意观察从唱片凹槽反射过来的远处光线。转到角度合适的时候，你会看到一大片"彩虹"。这是由许多组光谱组成的，每组光谱都包括由红到紫的七种颜色。

"为什么会出现这种现象呢？那是因为唱片上刻有密集的凹槽，它们均匀地排列在唱片上。光波射到这些凹槽的时候，就会向四面八方散射开来。这些散射的光波相遇后会被加强或减弱，结果就把白光分解成了彩色的光谱。后来很多学者都对这方面进行了研究，于是就有了现在我们所知道的各种防伪技术。"

老师又说："1821年，德国物理学家夫琅禾费首先利用很多彼此平衡的细金属丝制成了第一个'衍射光栅'。金属丝的数目为每厘米136条。在科学实验中常常要使用优质的光栅。它是在一块玻璃的镀银面上用金刚钻刻成的。那上面的刻痕要求排列均匀，而一个供科学实验用的衍射光栅在1厘米宽的间隔内则有上万条或更多的刻痕。光栅在科学实验中最重要的用处是对从物质发出来的不同颜色的光进行精确地分析，从而判断该物质的化学成分。有些科学家还利用光栅分析分子和原子的结构。”

这时有同学问道：“老师，为什么激光唱片上很容易看到绚丽的色彩呢？”

老师笑着解释道：“一张旧唱片在1厘米宽的平面上只有120条凹槽，但是激光唱片的凹槽要密得多，所以在激光唱片上很容易就能看到绚丽的色彩。”

知识链接

光栅是一种折射率周期性变化的光学元件。最常用的光栅是由大量等宽、等间距的平行狭缝组成的，通常是在一块平面玻璃上用金刚石刻制、复制或用全息照相等方法制成。

18.巧破黄金案

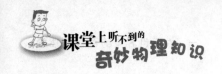

李勉在镇守凤翔时，所属的县里有个老农民在田里挖沟排水时，掘出一只陶罐，里面全是“马蹄金”。老农民就请了两个大力士，把陶罐连同金子一起扛到县衙门。县令怕衙门收藏不严便把陶罐藏在家里。

第二天天刚发白，他便点灯打开陶罐，想把马蹄金看个仔细。可一打开，发现陶罐里放的都是坚硬的黄土块，他连叫上当。不消几日，全县的人都知道金子在县令家里变成了土块，认为是县令暗中做了手脚。州里派官员来查，县令满头大汗招了供，追问金子放在什么地方，他却一问三不知。凤翔太守李勉看过案宗，大怒，但又无良策让县令交出金子。

隔了数日，在一次酒宴上，李勉向官员们谈起此事，许多人惊讶之余，也都没有好办法，这时有位叫袁滋的小官，坐着一语不发，若有所思。李勉问他在想什么。

“我怀疑这件事或许内有冤情。”袁滋说。

李勉站起身，向前走几步道：“你一定有高见，我李勉向你讨教。这案子除了你之外，我看没有人能判断出真假了。”

于是，袁滋派人把案子提到州府办理。

袁滋打开陶罐，见里面有形状像“马蹄金”的土坯250余块，就派人到市场找了许多金子，溶铸成与罐中的“马蹄金”大小相等的真“马蹄金”，然后用秤称，刚称了一半，就有300斤重。袁滋问众人，当初罐子从乡间运到县衙门是几人抬的。原来是两个村民用扁担抬来的。袁滋一下就明白了事情的原委，县令的冤案得到了昭雪。

你知道袁滋是怎样推断的吗？

科学揭秘

其实，金子和泥块的比重是不一样的，同样大小的物体，金子要重很多。袁滋计算了一下金块的数目，知道这不是两个人用竹扁担抬得起来的。于是，他就明白了，原来在路上，金子已经被两个大力士换成了土块了。

考考你

小华有一根胡萝卜，一头粗一头细。现在他用一根线拦腰把它吊起来，使胡萝卜的粗、细两头平衡，然后他在缚线的地方将胡萝卜切开，那么两段胡萝卜一样重吗？

答案

粗的那头重，细的那头轻。因为细的那头离支点（缚线处）远，只有在重量轻的情况下，两边才能达到平衡。

19.银器店老板的话

美国西部的马丽安街有一家银器店，店主名叫乔治·霍勒斯。

这一天，霍勒斯急匆匆来到警察局报案，说他店里12件贵重的银器被抢，其中8件是布朗太太的寄卖品。

霍勒斯向警察讲叙着事情的经过：

“下午一点钟刚过，我一个人待在店里。我背对着门，正在擦一件贵重的银器，这时，我感到背后腰眼里顶上了手枪，一个陌生的声音威胁我说：‘不准回头！把展柜里的东西一件件举起来递给我！你要胆敢回头看我一眼，我送你这胖猪去见上帝！’我只好将柜子里的12件贵重银器递给了强盗。”

“那么，这强盗你是一眼没瞧见啦？”警长问。

“不，我尽管没有回头，但只要这家伙再露面，我一眼就能认出他！”

“怎么，你有特异功能？”警长笑着说。

“是这样的，这被抢的12件银器中，有一只擦得雪亮的新盘，当我把这只盘底又深又圆的意大利式果盘递给强盗时，我故意将它往上举了一下，我看到了罪犯的脸，银盘就同镜子一般，那家伙长着小胡子，三十几岁的样子。”店主解释道。

警长想了一下，一拍桌子道：“你为了吞掉别人寄卖的银器，竟要花样报假案！”

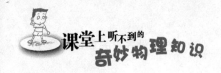

请问，警长从店主的话中听出了什么破绽？

科学揭秘

店主乔治·霍勒斯编造的案情有一个很大的破绽，那就是：凹圆的银盘绝对不可能照出他身后的任何物像，而只能照出他本人在盘底变了形的倒影。

考考你

果果把一枚硬币投入一个玻璃杯中，然后将杯子放在眼睛前，使眼睛看不到杯中硬币的位置。保持眼睛和杯子的位置不变，向杯中缓缓注水。接着你会发现眼睛能看到硬币了，但却比实际的位置高，这是怎么回事呢？

答案

光从一种介质斜射入另一种介质时，传播方向会发生偏折，这种现象叫做光的折射。

杯中有水后，硬币上的光线不能直射出水面，而是以一定角度折射出水面，这使之前无水时硬币映入人眼的映射路线改变了，故随着水的注入，硬币“出现”了，且不在原来的位置了。

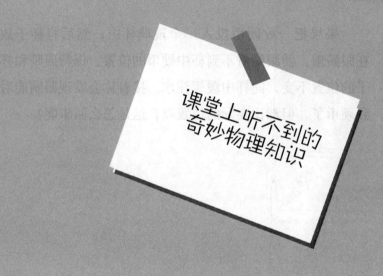

课堂上听不到的奇妙物理知识

二

超乎想象的力学

1.十六匹马与大气压拔河

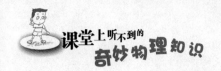

在17世纪的德国，有人决定在马德堡广场做一个实验，人们都闻讯赶来观看这有趣的实验。

实验者准备了两个空心的铜半球，将两个铜半球合在一起，抽去里面的空气。然后两边都套上四匹马，让八匹马同时向两边用力地拉。人们看到实验者竟然用八匹马去拉两个铜半球，都觉得十分可笑。

但是，怪事出现了。不管这八匹马怎么用力拉，两个铜半球都紧紧地贴在一起。于是，实验者随着实验的进行，使两边的马匹增加。最后，实验者用了十六匹强壮的马向两边使劲地拉，才将两个铜半球拉开。

人们十分不解，都纷纷问实验者。那么，你知道实验者是怎样向人们解释的吗？

科学揭秘

实验者是这样解释的，他说：“在地球的周围有着厚厚的大气层，大气层有大得惊人的气压。我们平时没有感觉到大气压的存在，是因为人的体内也有压力，正好和大气压抵消了。但是，铜半球里的空气被抽空以后，要拉开两个半球，就等于是和大气压拔河了。”朋友们，你们想一想，用十六匹马才能拔得过大气压，大气压是多少强大啊！

知识链接

你知道大气是怎样形成的吗？一般认为，最初，当地球刚由星际物质凝聚成疏松的一团时，大气不单单铺在地球表面，而且还渗到地球里面。后来，由于地心引力的作用，这个疏松的地球团就收缩变小。在收缩时，地球里面的空气受到压缩，使地球内部的空气，也就大量飞散到空中去。但地球收缩到一定程度后，收缩时所产生的热量，也渐渐失散，地球就渐渐冷却，地壳凝固了起来。这时，一部分最后被挤出地壳的空气，就被地心引力拉住，围在地球表面形成了大气层。

2.帕斯卡的实验表演

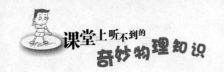

1648年的一天，帕斯卡进行了一次公开实验表演。

他拿来一个订做的大木桶，仔细检查一下水桶密闭得很好后，在大木桶桶盖的塞子上开了一个小孔，并装入一根13米长的细管子，然后，他向大家点了点头，示意一切已准备就绪。他打开桶的上盖，将水灌在木桶中，并将盖盖好。

帕斯卡说："我之所以要做这样一个实验，就是想验证一下我提出的液体静力学基本关系式和这个关系式推导出的一个定律的正确性。"

一会儿，帕斯卡让人站在高处将木桶的上盖塞紧，长长的细管直立着冲向空中。这时，帕斯卡站在高处手提一壶水，站在管前对在场的人说道：

"现在，我把水注入管子里，请大家密切注意观察木桶的变化。"

帕斯卡将壶里的水倒向管中，看着水顺着管子一点一点注入木桶中，突然，"啪"的一声巨响，木桶破了，在场的人看到这个情景都惊呆了。

"我成功啦！"帕斯卡将脸仰向天空，高兴地喊了一声。

随后，帕斯卡笑着对大家进行了解释。那么，你知道帕斯卡是怎样解释这一现象的吗？

科学揭秘

帕斯卡解释说："木桶之所以会破裂，那是因为注入管内的水对木桶塞子下面的水面加了一个压强，这个压强通过水向木桶内壁的各个方向传递，而木桶内壁某一点上压强的大小等于该点到管内水面之间单位截面水柱的重量。由于压强向流体各个方向传递，所以，如果将两个截面相差较大的容器相通，在小截面上施加一个很小的压力，大截面上就会产生一个很大的推力。这就像我们经管子里注入水，在管子的小截面上施加一个很大的压力，其方向与小截面方向相反。由于这个压力过大，所以木桶就破裂了。"

知识链接

帕斯卡（1623～1662）是法国著名的数学家、物理学家和哲学家。17世纪40年代，只有17岁的帕斯卡发表了《略论圆锥曲线》，文中提出一个射影几何学的基本定理。

后来，他对托里拆利的大气压实验进行了研究。他注意到气体、液体都属于流体，于是，他从流体的角度开始了对液体压强的研究。

为此，他还专门发明了一个适用于测量液体压强的压强计。这个压强计有一根橡皮管，一端接压强计，另一端接扎有橡皮膜的金属盒，把金属盒放进液体中便可以测量液体内部的压强，且水越深，压强越大。他还发现：在同一深度，水向各个方向的压强相等。1653年，帕斯卡提出了密闭流体传递压强的定律。人们为了纪念这位伟大的科学家，将这一定律命名为"帕斯卡定律"。

3.王冠的秘密

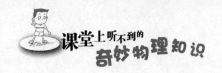

一天，古希腊著名科学家阿基米德在浴室里洗澡。澡盆里放了大半盆热气腾腾的水，阿基米德一屁股坐了下去，忽然他觉得浑身轻飘飘的，身子浮动着，那热水哗哗地直从盆里溢出来。“水放得太多了。”他下意识地站了起来。盆里的水落了下去，他孩子气地又重重地坐下去，水又往上升，并没过盆沿又溢了出来。

忽然，他眼睛一亮，跳出浴盆，光着身子冲到门外，跑上大街，高喊道：“我知道啦！我知道啦！”

“咦！这老头疯了吗？”“瞧，他浑身上下一丝不挂。”路人纷纷讨论着。

其实，阿基米德没有疯，他解开了一个重要的秘密，一时有点忘乎所以。

原来，几天前，地中海的西西里岛上的叙拉古一王国的国王，叫金匠做了一顶纯金的王冠，漂亮极了。可大臣们却窃窃私语：“谁知道是不是纯金的？”国王听了这种言论后，就叫人把王冠称了一下，可是王冠和交给金匠的金子一样重，无法辨别里面有没有含别的什么金属。国王就把聪明的阿基米德召来，让他弄个水落石出。

现在，阿基米德在洗澡中得到了一种启发，他觉得，马上就可以弄清这个王冠的秘密了。当阿基米德发觉大家在一旁嘲笑他的时候，他低头一看，才知道自己赤裸着身子，于是马上回屋穿上一套衣服，进王宫去了。

他给国王做了一个实验：他找来一块和金冠同样重的纯金块、两只同样大小的罐子和盘子，然后把王冠和金块分别放进装满水的罐子里，当水从罐子里溢出来时，各用盘子接着。最后把这些水分别一称，结果发现溢出来的水不一样多。阿基米德对国王说："现在我可以断定，这只王冠里掺有其他金属。"

国王派人把金匠抓来一问，果然，金匠用黄铜代替金铸在金冠内层。

国王奇怪地对阿基米德说："说说这是为什么吧！"

你知道阿基米德是怎样解释的吗？

科学揭秘

王冠和纯金块一样重，但如果王冠是纯金的，那么，它们的体积也应该是一样大，放进水罐里溢出的水也应该是一样多。现在，放王冠的罐子里溢出来的水多，说明王冠的体积比纯金块大，由此可见，王冠不是纯金的。

考考你

这杯满满的水上漂着一块小小的冰块，若再加一滴水，杯中的水就会溢出来。那么请问，当杯中的冰块融化后，水会溢出来吗？

答案 不会。因为冰的密度小于水的密度，冰融化后体积变小了，冰融化成水的体积等于冰排开水的体积，所以当冰融化后，水也不会溢出。

4.没有摔死的奇迹

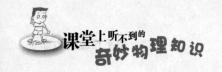

如果说一个飞行员从几千米高空的飞机上跳下竟没有摔死，你会相信吗？然而，这的确是一个真实的故事。

第二次世界大战中，一架袭击德国汉堡的英国轰炸机被击中起火。坐在飞机后座的机枪手一时拿不到放在机舱前面的降落伞，但又不想活活被烧死，于是他果断地无伞跳出了机舱。也许他想，摔死总比被烧死要好受一点。

就在他刚刚跳出机舱时，飞机就爆炸了。这时飞机所在的高度是5500米。一分半钟以后，他就像一列高速疾驶的列车，以每小时200千米的速度飞快地向地面下落。

当他从昏迷中醒来的时候，发现自己并没有被摔死，只是皮肤被划破，有多处地方被挫伤。闻讯赶来的德国士兵也感到惊叹不已，他们对所有的数据进行了精确的测量，这都是一个奇迹。

后来，人们经过分析才发现，机枪手下落时幸运地掉在了松树丛林里，而离他们不远就是开阔的平原。他先在松树丛中减了速，然后掉在积雪很深的雪地上，把松软的积雪砸了一个一米多深的坑。这样一来，机枪手和地面碰撞的时间被延缓了上千倍，冲力也大为减少，只有千分之几。

当然，飞行员没被摔死还有一个原因，你知道是什么吗？

科学揭秘

当然，他没摔死还有一个重要的原因，那就是空气的阻力保护了他。如果没有空气阻力，从5500米高的地方落下，落地时的速度要达到每小时180千米左右，而空气的阻力使他的落地速度大大减小，这也是产生奇迹的另一个原因。

空气的阻力跟速度的平方成正比，也就是说，速度越快受到的阻力就越大。

知识链接

我们知道，一只瓷碗掉在水泥地面上，肯定摔得粉碎；但如果掉在木板地上，却常常可以幸免；如果落在沙土里，就肯定摔不坏。

因为从一定高度落下的瓷碗下落到地面时动量是一定的，让它停下来所需要的冲量也是一定的。请记住，冲量是力和时间的乘积。瓷碗跟不同的地面相碰的时候，冲击时间大不相同：和硬的水泥地面碰撞时间只有千分之几秒，而和沙土相碰时，时间可以延长到十分之几秒，这就是说冲击时间延长了上百倍，冲击力也就减少到只有百分之一或百分之几，这就是瓷碗在沙土地上没有被摔坏的原因。

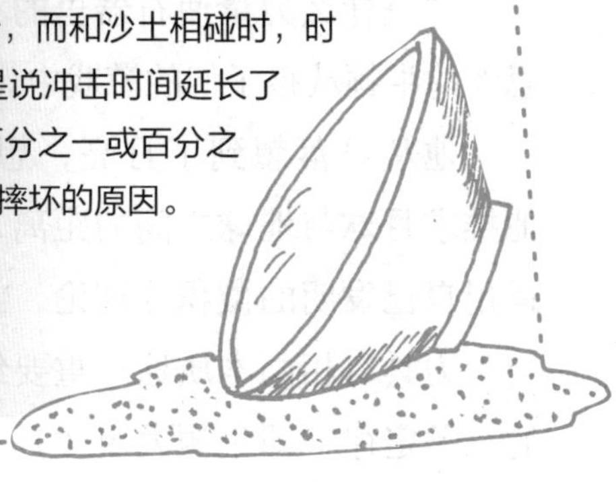

5.投石得出的定律

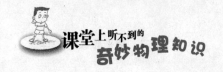

一说到牛顿就会想到他的万有引力定律，为了研究这一定律，牛顿用了整整7年的时间。

牛顿23岁那年，一场可怕的鼠疫在伦敦蔓延，那时他正在剑桥大学就读，学校决定让学生们全部回家休息。牛顿回到了自己的家乡林肯郡。有时他看见孩子们把一块小一点的石头放在稍大的石器中，然后用力打转，紧接着把石头抛得远远的，而石器中的石头并不抛出来。有时，孩子们把一桶牛奶从头上转过，而牛奶一点也没洒出来。

“是什么力量使石器里的石头，水桶中的牛奶不飞出来呢？”爱思考的牛顿从孩子们的游戏中想到了引力问题。

他从日落想到了月亮，想到了地球，想到了茫茫宇宙……首先他推求月球与地球之间的距离，他利用新测量的地球半径值的公布，运用自己发明的微积分理论，经过仔细的计算和推测，终于得出重力与引力具有相同本质这一重要结论。同时，他把适用于地面物体运动的三条定律（即牛顿大定律）用于行星运动，也得出了同样正确的结论，从而得出了举世闻名的“万有引力定律”，奠定了理论天文学和天体力学的基础。

这一年，牛顿刚好30岁，他从研究引力开始，直到提出这一伟大理论，整整花了7个年头！

科学揭秘

物体间存在相互吸引的力，这种力存在于地球万物之间。地面上物体所受到的地球对它的吸引力，是万有引力的一种。

考考你

以下有两种切肉的方法，一种是斜着切，另一种是垂直切。请问，哪一种方法省力？

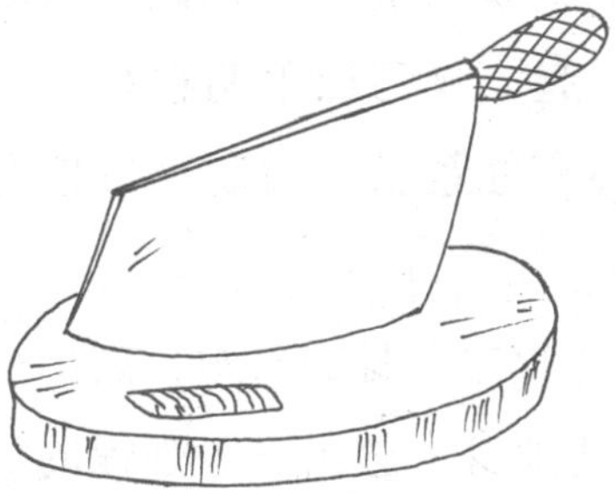

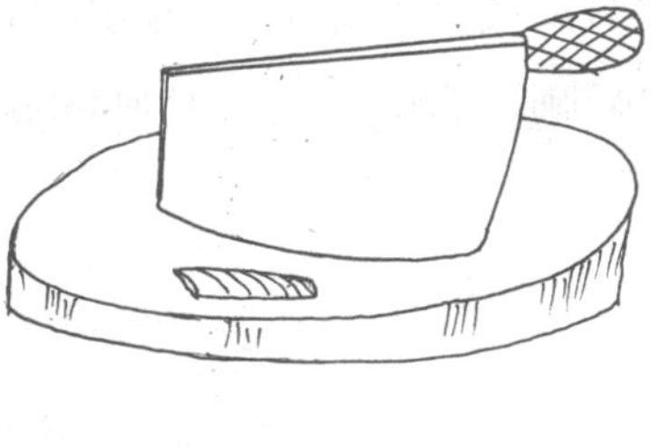

答案

当然是斜切省力了。因为斜切阻力小，自然要比垂直切省力。

6.刀砍不伤的秘诀

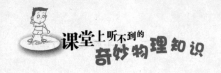

有一天，小镇里来了一个杂技团，表演的都是一些惊人的动作。

蒙蒙是个杂技迷，当然不肯放过这次机会了，他立即赶去观看。刚进去，就见一个人用硬气功表演“刀砍不伤”的节目。表演开始，气功师举起刀来，就地取材，在案板上剁断五根木筷，让被砍断的木筷飞溅一地；然后，气功师又猛然跃起，操刀砍下两根指头粗细的树枝。剁木筷，砍树枝，让观众的心十分紧张，使观众确信这把刀是锋利无比的真刀。

接下来，气功师玩“真”的。只见他脱掉上身的衣服，露出一身强壮的肌肉，这是常年锻炼的结果。气功师身上透出一股强悍的男人气，右手持刀，运气于左胸，胸大肌高高凸起绷紧。气功师挥起大刀，死命地朝左胸砍去，人们只听见“嗵嗵”直响，可气功师的胸上除了有点儿红印儿外，连一点儿伤痕也不见。这可让蒙蒙惊讶不已。

令他疑惑的是，大刀锋利到能砍断五根竹筷，劈下两根树枝，为什么不会伤了皮肉呢？

蒙蒙不明白其中的道理，那么，你明白其中的道理吗？

科学揭秘

原来，气功师的大刀刀尖处是锋利的，而其他部分则是钝的。挥刀砍下，接触气功师身体的那部分是钝的，面积增大，压强减小。再加上挥刀时有技巧，看似重砍，实为轻打。

知识链接

缝衣服的时候不小心，用针扎破了手指，你所受到的压强一点也不比某些高压锅炉里蒸汽的压强小；手轻轻拉动刮胡子的刀片，施加在胡子上的压强会达到每平方厘米几千牛顿。

压力和压强看上去类似，实际上相去甚远。压强是单位面积上的压力，针尖的面积是钉子尖面积的百分之一，所以，能用针来缝衣服，而不能用钉子来缝衣服。

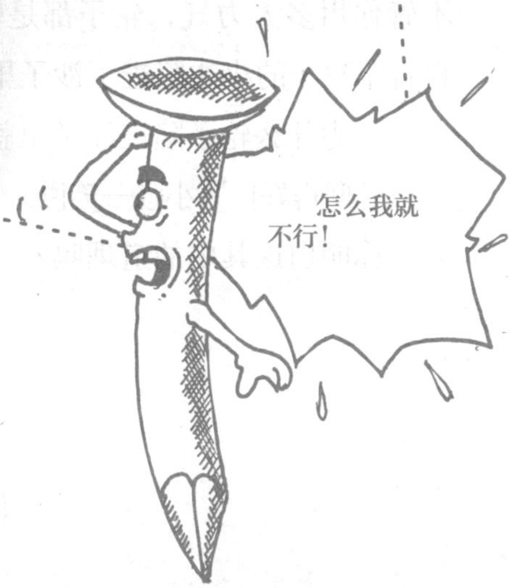

7.骑不动的自行车

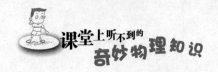

这是一个星期天，小强与小明相约到海边去玩，可小明出门时一定要带上自己心爱的自行车，小强拿他没法。

到了海边，小强骑上自行车，想来一个狂奔，但无论小明怎么使劲，在沙滩上就是骑不动。

这时小强走了过来，微笑着对小明说："让你别带自行车来，你偏要带。凡是骑自行车的人都知道，自行车在沙滩上是寸步难行的，不管你用多大力气，轮子都是转不起来。为什么转不起来？这是因为自行车轮子的小边陷进了沙子里。"

"为什么轮子陷进沙子里就转动不起来呢？"小明有些不服。

"问得好！"小强一笑说，"那么我给你讲一讲这其中的道理吧！"

你明白这其中的道理吗？

科学揭秘

自行车在沙子里转不动，是因为沙子用摩擦力“拽住”了轮子。自行车陷进了沙滩，在车轮和沙子之间会产生很大的摩擦力，正是这个摩擦力“拽住”了车轮子。

知识链接

如果没有摩擦力，人们的生活又会发生什么样的变化呢？

首先，也是最基本的，我们无法行走。脚与地面间没有了摩擦，人们简直寸步难行。当自行车起动时，车轮与地面产生了摩擦力，摩擦力给车轮一个反作用力，使车轮能够向前滚动，自行车就前行了。

玩一玩

我们把一把筷子放在搪瓷缸里，用大米把筷子压实，再向上提筷子，筷子没拿出来，倒把整个缸子提起来了。

科学原理

这正是摩擦力起了作用。

8.九龙杯的秘密

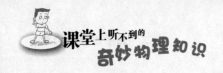

宋朝有位皇帝，自从坐上皇帝的宝座之后，就忘乎所以，专横跋扈，花天酒地，骄奢淫逸，苛捐杂税使民不聊生，并且奸臣当道，残害忠臣良将。

有个大臣，深知平民百姓的苦难，发誓要以自己的绵薄之力规劝皇帝。他深知皇帝至高无上，听不进半句逆耳忠言，一句话不小心就会招来杀身之祸，只有学古人借助自然现象、器物，婉转地讽喻，或许可奏效。

他日夜冥思苦想，终于想出了一个主意。他找来一位能工巧匠，用了半年的时间，制作成了一个精致的九龙杯。

一日，这个大臣上朝，将九龙杯献给皇帝。这杯的上部是个敞口酒杯，杯子中间有一条昂首向天的金龙。杯子下部是个高高的底座，中间腰部有个荷叶盘。斟酒时，他两眼盯住酒杯，斟着斟着，刚刚倒满，忽然咕噜一声，杯中滴酒不剩。皇帝大怒。献杯大臣不露声色，向前禀道：

“此九龙杯乃天神指点，教人做事要有节度，不可贪心，贪心则空。正合‘过犹不及’之古训。”

皇帝此时无心喝酒，若有所思，当场赏赐了这位大臣。后来，这九龙杯却成了皇帝手中的玩物。

那么，你可知道这九龙杯的构造吗？

科学揭秘

九龙杯是虹吸现象的利用。九龙杯中间的龙头里，实际上是个弯钩状的管道。酒不满时，龙头里通下面底座的管子是空的，酒漏不下去。而斟满酒后，龙头里的酒上升并超过空管，在大气压的作用下，酒便顺着空管漏到底座中去了，而且是直到漏光为止，因为底座比上面的酒杯低很多。

知识链接

正常情况下，人皮肤内外侧受到的压强是相等的。当口吮吸皮肤或用带橡皮球的玻璃罐吸皮肤时，口腔或玻璃罐所处的压强会减小，血液就会因体内压强较大而聚集到皮肤处，从而使皮肤出现红斑。中医的拔罐法就是运用了这一原理。如果外界压强更低一些，血液就会被压出皮肤，如水蛭吸血就是这个道理。

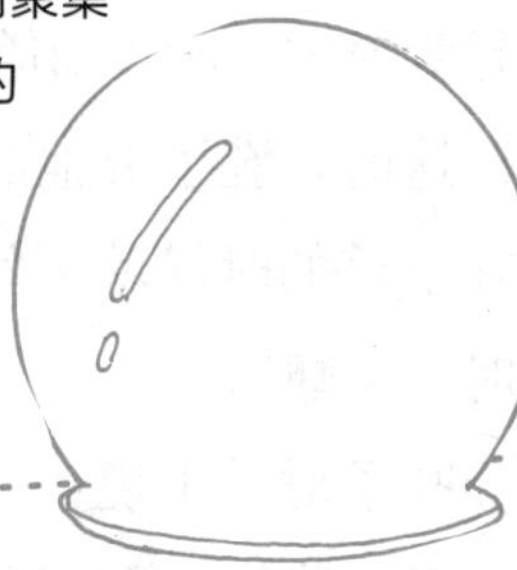

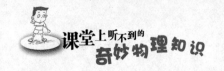

9.孔子见巧器

相传，孔子和他的弟子南宫警叔曾到周都洛阳向老子学习周礼，一日来到太庙，这是帝王祭祖的地方，摆着各种祭器、文物。孔子发现庙里陈列着一个不认识的半躺着的奇形怪状的欹器（斜的容器），他不明白其用途，就向守庙人询问。守庙人告诉孔子这是君王用来防止骄傲的座右铭。孔子到底是个学问渊博的人，尽管他没见过欹器，可是听说过，而且知道它的作用和意义。

这时，孔了要他的学生舀来一瓢清水倒入欹器中，结果，这种器物在空着的时候就倾斜歪倒；在里面盛上一半的水时，它就正立；满水时，又翻倒。

孔子对学生说：“这其实是告诫君王，肚子里空虚，是立不起来的；而自满了，是站不住的，这正是‘虚则欹，中则正，满则覆’啊！”

这是一则让人回味无穷的故事，不过你知道这欹器其中的科学道理吗？

科学揭秘

其实这种欹器的重心在腰上一点，所以空时它会斜倒在桌上。当水盛到一半时，它的重心会降到腰以下，使它能自己扶正。当水盛得过满时，它的重心就会升到比空瓶的重心更高的位置，所以欹器里的水又会倒出。

知识链接

平衡是一个十分有趣的问题，静力学主要研究的问题就是平衡。判断一个站立的物体倒还是不倒的方法，是从物体的重心那里画一条竖直线，看它是否通过支持面。形状不变的物体重心的位置是固定的，但是这种奇怪的欹器由于水位的变化，其重心像一个“精灵”会跑来跑去，变得十分有趣。

玩一玩

剪两张长、宽相等的纸条（宽3厘米以上）。把两张纸条分别卷成纸卷，接头处用胶带固定，在其中一个纸卷的一端别上曲别针。把两块长木板的一端分别搭在两把椅子上，另一端着地，形成一定高度斜坡。把两个纸卷分别放在两块木板上，让它们同时沿斜坡自由滚动。你会看到没有别曲别针的纸卷滚落速度快、稳，最先落地；别有曲别针的纸卷滚落的速度不均匀、慢，落地时间迟。

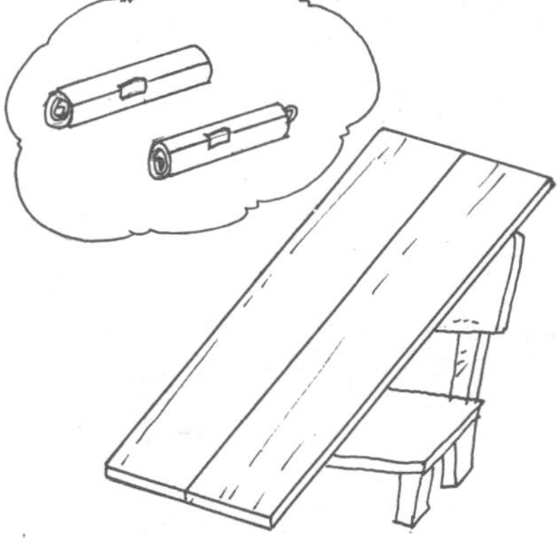

科学原理

所有做旋转运动的物体在旋转的过程中必须保持平衡。一端别了一枚曲别针的纸卷由于无法保持平衡，所以在滚下斜坡的过程中速度会越来越慢。如果在纸卷的另一端正对着曲别针的地方再别一枚曲别针的话，它就会找到平衡，会比原先滚动得更快。

10.曹冲称象

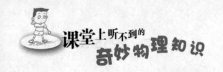

这是一个发生在一千七百多年前东汉末年的故事。

曹操自封魏国丞相以后，地处南方的孙权送给曹操一头大象，曹操非常高兴，与此同时，他很想知道大象的重量，于是他就问部下谁有办法称一称大象有多重。结果，大臣们不是说造一杆大秤，就是说把大象宰杀成许多块再上秤称。众臣的提议没有一个让曹操满意的。

曹操有个小儿子叫曹冲，自小就聪明过人。五六岁时，待人处事就很成熟。这时，小小的曹冲在父亲身旁说道："将大象领到一条大船上，记下水面在船帮上的位置，把象领走，再把石头、铁块装到船上，直到大船下沉到装大象时沉到的位置。称出这些石头、铁块的重量，加在一起，不就知道大象的重量了吗？"

众臣听完，无一不拍手称赞，曹操于是命人按这种方法称象，最后终于知道了大象的重量。

曹冲用船称象有着他的科学道理，那么你能说出曹冲称象都含了哪些方面的科学道理吗？

科学揭秘

曹冲称象可以体现以下几个科学道理：一是等量代换。就是用能直接称量的石头、铁块替代不能直接称量的大象。作为一种普遍的方法，等量代换在数学上、精密测量上、技术上有着广泛的应用。二是化整为零。就是把不能直接称量的很大的重量化为许多能直接称量的较小的重量。它的反面就是聚零为整。三是力的平衡。当大象站在船上时，船受到的水的浮力是向上的，大象和船的重量，方向向下。在船静止时，这两个相反方向的力，大小必定相等，否则船不会静止在水中，不会平衡。四是浮力定律。大象上船后，船吃水加深，它占据了水里更多的位置，或者说它排开了更多的水。船因为站上了大象而多受到水的浮力，这浮力就等于它多排开的水的重量。

知识链接

船的大小是可以用排水量来表示的，即船装满货物后排开水的重量，也就是船满载后受到水的浮力。

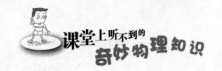

11.翻新后的收藏室

信田君是一个古代文物收藏家，在他家里的收藏室里，有不少的精品。最近他从朋友那儿听到一则消息，说女盗香妹正在四处物色各收藏家的收藏品。为防万一，他决定翻修自己的收藏室。这间收藏室是专门收藏珍品的耐火仓库。他委托附近的装修店换了最新式的门锁，换气窗的铁栏杆也重新更换了。

然而，这一切全都是枉费心机。几天后，女盗香妹溜进了他的收藏室，将3幅浮世德珍品盗走。她是从换气窗打碎玻璃拔开插销进屋的。然而，即使可以打碎玻璃，拔开窗户插销，但窗户外还有最近刚刚更换的又粗又结实的铁栏杆，并没有发现铁栏杆有折断或割断后又用速干胶粘上去的任何痕迹，而且铁栏杆之间的缝隙只有10厘米宽，人是无法钻过去的。

那么，女盗香妹究竟是用什么手段从换气窗钻进室内的呢？

科学揭秘

铁栏杆是特殊合金材料。

新更换的换气窗铁栏杆，其中的两根是用形状记忆合金材料制成的。

所谓形状记忆合金，是在一定的温度下可以记忆其原来的形状。其特性在于：在温度比其低时，不管形状怎样改变，一旦到了一定温度就会复原。这种奇怪的合金被广泛地用于火灾报警器、恒温箱、妇女乳罩、眼镜架、玩具及医疗器械等日常生活用品之中，尤其是双向记忆合金可以记忆高温和低温时两种原状。

当信田君委托装修店更换换气窗的铁栏杆时，香妹收买了装修店的修理工，在更换栏杆时用了两根双向性记忆合金。因此，当去行窃时，她用打火机烤那两根记忆合金，栏杆就会呈“人”字形弯曲状，加大了间隔宽度，再从中钻进去打碎玻璃拔开插销进屋。

考考你

这是用锡做成的易拉罐，如果把这个易拉罐埋在零下20摄氏度的雪地里，你知道它有什么变化吗？

答案

锡器在零下13摄氏度时会变成灰色粉末，所以这个易拉罐也会变成灰色粉末。

12.绝境生妙法

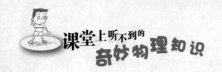

公元263年，魏国大将军邓艾和钟会分别率领大军去征讨蜀国。当钟会率领大军攻到剑阁时，遇到了蜀国大将姜维的顽强抵抗，姜维把守险要关口，钟会难以推进，只得在剑阁外安营扎寨。这时，邓艾发现钟会想独占征讨蜀国的军功，便前去见他。

钟会劈头就问："邓将军，我剑阁受阻，你有何攻蜀良策？"

邓艾说："将军须出其不意，攻其不备。你可派兵走剑阁西面的阴平道，直取成都。这条小道全是悬崖峭壁，蜀军几乎没有设防。"

邓艾说完，钟会马上误以为邓艾想引自己误入绝境。于是说道："那就先请邓将军引路吧！"他料想，邓艾纵有三头六臂也难以通过险路。

邓艾想了一下，决定率精兵前去。他一路逢山开路，行军非常艰难。有一天，邓艾率大军来到摩天岭，将士们向下一看，全是大斜坡，已经无路可走了，许多人坐在山头上哭起来。

邓艾闻声近前一看，心中暗暗吃惊，但他镇定地对大家说："我们至此已无路可退。但只要通过眼前的斜坡，便可直取成都，大家同去享受荣华富贵。众将士，跟我来！"

说罢，邓艾就用毛毯把全身裹起来，沿坡滚下，刹那间通过了险坡。众将士也不怠慢，先将兵器扔下去，然后各自取出所带的毛毯，裹住身体滚坡而下。几千名将士从绝境中闯了出来。没过几天，邓艾大军直逼成都，迫使蜀后主投降。

看到这里，你也许会惊讶，邓艾率领的将士们怎么会没有摔伤呢？

科学揭秘

人滚下坡时，难免与凸凹不平的坡路碰撞。由于速度很快，必须要防止撞伤，为此就要设法减少相互碰撞时的作用力，毛毯起了这种作用。我们以鸡蛋为例，当鸡蛋从相同的高度落到石头上时，每次都会碰破，而落在棉花堆上就碰不破了。两者的不同在于碰撞时间。所谓碰撞时间就是鸡蛋从触地到静止所用的时间。碰上坚硬的石头，鸡蛋立即静止了；碰上柔软的棉花，则是先将棉花压缩，“慢慢地”静止下来。物理学原理告诉大家，物体的速度迅速变化时，它受到的力一定大，而缓慢变化时，它受到的力一定小。这样大家就可以明白，人在裹上毛毯滚坡时，一来毛毯避免了人体与山坡的直接接触；二来毛毯的柔软松厚能延长碰撞时间，以减小碰撞时的作用力。这与鸡蛋落在棉花上类似，只不过这里不像鸡蛋碰棉花，倒像是棉花碰鸡蛋了。

考考你

在盛水的玻璃杯上放一张扑克牌，扑克牌上放一枚硬币，用手指迅速有力地横向弹走扑克牌，那么硬币会往哪儿去呢？

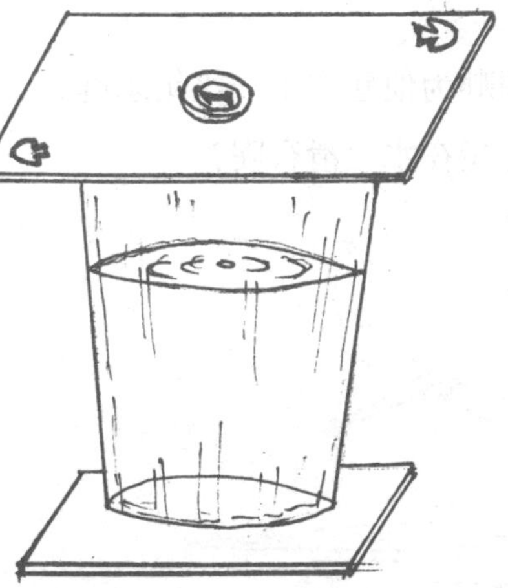

答案

硬币会掉入杯中。因为扑克牌受到一个较大的外力作用，而硬币受到的外力作用很小，所以会掉入杯中。

每一个物体都有保持其原有的静止或运动的倾向，叫作惯性。扑克牌得到外力的作用，它的惯性大；而硬币得到的外力作用小，惯性就小。因此，硬币的重量所决定的相应的惯性，让它在瞬间停在原地，并落入杯中。

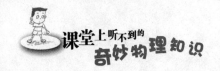

13.水面“行走”之梦

1922年6月29日，美国人塞缪尔森穿着自制的滑水板轻快地掠过湖面，实现了人类在水面“行走”的梦想。经过40年的发展，滑水运动在世界上流行起来。

塞缪尔森是在滑雪运动中产生的滑水幻想。他试用过各种型号的滑雪板在水面上滑行，都失败了。最后他发现，滑水板应该比滑雪板做得更宽一些，他用松木板制成了一个8英尺长，9英寸宽（约2.44米长，0.23米宽）的滑水板，这次他终于成功了，实现了他在水面“行走“的愿望。

后来，塞缪尔森又萌生了一个念头，让自己在一架时速为130千米的飞机拖动下，“行走”得更快些。然而，这次他彻底失败了——在这次表演中他丧失了性命。

为了纪念这位勇敢者，人们在佩平湖畔为他建立了一座纪念碑。

不过，你想过没有，为什么塞缪尔森能在水上滑行呢？

科学揭秘

当游艇拖曳着滑水运动员时，运动员的身体向后倾斜，利用脚下的滑水板向前沿斜下方向前蹬水，使他得到一个斜向上的反作用力，它一方面使运动员不下沉，另一方面又阻碍运动员前进，在游艇的拖曳下，拖曳力克服了阻力，使得滑水运动员能站在水面上不仅不下沉，还能高速前进。滑水看起来危险，但实际上并不危险。后来，塞缪尔森在一次滑水时不慎脱落了一只滑水板，但是他发现一只脚也照样能滑。

知识链接

冲浪也是一种滑水运动，可冲浪运动员在没有汽艇的拖曳下，为什么也不会下沉呢？冲浪运动员的速度来源于海浪。冲浪运动员像坐滑梯一样从一个浪尖上滑下来，再冲到另一个浪尖上。冲浪运动必须在浪较大的地区开展，运动员必须不断地追逐着海浪前进才行。

考考你

把这个空啤酒瓶倒进一些热水后使瓶子变热，然后倒掉热水，迅速倒扣在盛有冷水的广口瓶内。请问，这时会出现什么现象。

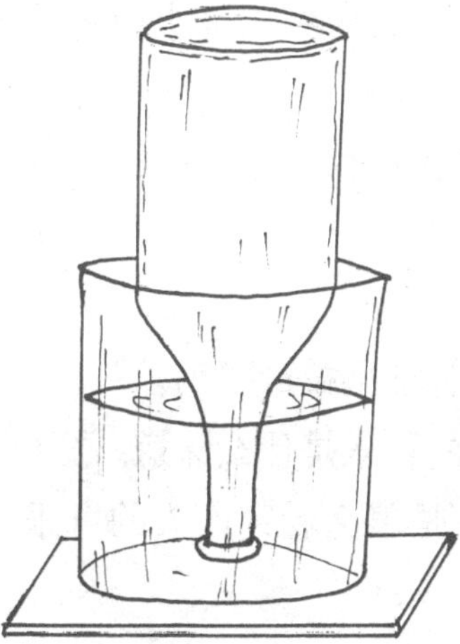

答案

啤酒瓶会把广口瓶里的水吸进自己"肚里"。这是因为酒瓶受热后空气膨胀而跑掉了一部分，插入广口瓶后空气变冷，收缩，压力减小，广口瓶的水便流进了啤酒瓶内。

14.藏有钻石的冰块

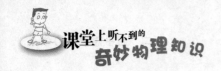

夏季的一天，大盗西夫乔装打扮，混进珠宝拍卖会场，盗走两颗大钻石。一回到家，他马上将钻石放在水里，做成冰块放在了冰箱里。因为钻石是透明无色的，放在冰块里不易被发现。

第二天，侦探来了："还是把你偷来的钻石交出来吧。珠宝拍卖现场的闭路电视，已将化装后的你偷盗时的情景拍了下来，你瞒不了我的眼睛，一看就知道是你。"

"如果你怀疑是我干的，就在我家搜好了，直到你满意为止。"西夫若无其事地说。

"今天真热，来杯冰镇可乐怎么样？"西夫说着从冰箱里拿出冰块，每个杯子，放了4块，再倒上可乐，递给侦探一杯。将藏有钻石的冰块放到了自己的杯子里，即使冰块化了，钻石露出来，在喝了半杯的可乐下面是看不出来的，侦探怎么会想到在他眼前喝的可乐中会藏有钻石呢！西夫越想越得意。

"那么，我不客气了。"侦探接过杯子喝了一口，下意识地看了一眼西夫的杯子。

"对不起，能换一下杯子吗？"

"怎么！难道你怀疑我往你的杯子里投毒了吗？"

"不是毒，我想尝尝放了钻石的可乐是什么味道。"

冰块还没融化，那么这位侦探是怎么看穿西夫的可乐杯子里藏有钻石呢？

科学揭秘

在正常情况下，冰的比重比水的比重小，冰块应浮在水面。侦探看到西夫杯子里只有2块冰浮在水面，推测沉在杯底的2块冰块中定藏有钻石。普通冰块一般是浮在水面，而冰块里藏有钻石肯定要沉入杯底，因其比重大于冰块。

考考你

A、B杯中的水温分别都是35℃，如果把A杯的水倒入B杯中，请问，B杯中的水温是上升还是下降？

答案

水温不变，仍为35℃。

15.花粉的运动

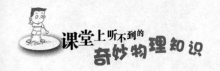

1827年深秋的一个晚上，英国著名的生物学家布朗在自己的花园里散步。当他走在花园的水池边时，他发现水面上浮着许多花粉，这一幕深深地吸引住了布朗，他赶忙从房中取出显微镜仔细观察。这时，他发现一种奇怪的现象：这些细小的花粉在水面上无规则地运动着。

“花粉的运动，可能是因为花粉具有生命力的缘故吧！”这个现象引起了布朗的极大兴趣。他把目光集中在一个细小的花粉颗粒上，发现这些小颗粒的运动是无规则地跳跃着，而且是非常短暂的。

布朗回到实验室，坐在椅子上想了很久：“是不是没有生命的花粉就不会运动了呢？”他把花粉放在酒精里浸泡，过了一段时间，酒精挥发了，花粉也干燥了，他认为花粉已经失去生命力，才开始做实验。结果他在显微镜下发现，花粉仍在杂乱无章地不停运动着。

“原来，花粉无规则地运动，不是生命力的原因引起的。”这个结果是布朗意想不到的。于是，他又做了一个实验：他把玻璃磨成粉末，然后撒在水面上，实验表明，这些不具有生命力的玻璃粉末，仍然在做无规则运动。

这种奇怪的现象使布朗非常困惑，于是他便将这个令他费解的问题公布于世。遗憾的是，直到他去世，这个问题也没有得到解决。

过了很多年后，物理学家才把这个问题搞清楚：任何物体都是由分子组成的，分子在不停地作无规则的运动。为了纪念布朗，人们把这种现象命名为“布朗运动”。

知识链接

1827年，苏格兰植物学家R. 布朗发现水中的花粉及其他悬浮的微小颗粒不停地作不规则的折线运动，后人将这种运动称为布朗运动。人们长期都不知道其中的原理。50年后，小德耳索提出这些微小颗粒是受到周围分子的不平衡的碰撞而产生运动的。这后来得到爱因斯坦的研究证明。布朗运动也就成为分子运动论和统计力学发展的基础。

考考你

小聪有点调皮，他在行进的汽车中跳起来，请问，他仍能落回原处吗？

答案

能。因为汽车在运动，小聪也与汽车以同样的速度在运动，小聪与汽车是相对静止的，所以小聪能落回原处。

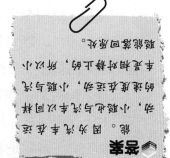

16.被子中的香炉

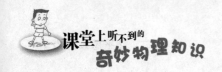

在西汉时期，京城长安有个闻名千里的巧匠，他就是丁名缓。相传他在宫中曾制造过一台七轮风扇，七个轮子用一根轴带动，每个轮子的直径都有1丈长，上面都安着四个大扇片。一人摇动把手，可将七个轮子飞转起来，这二十八个大扇片起的风足以让房子里所有的人在夏天冻得直哆嗦 。

有一天，丁名缓遇到了一个难题。

事情是这样的，一个月前，宫中添置了一个鎏金薰香，造型极为端庄华丽。

这个香炉体上面有个山形的镂空虚子，上面雕有人物及龙、虎、猿等动物，栩栩如生。香炉里面放上檀香或者龙涎香等香料经点燃之后，香烟袅袅，香气清新、自然。圆盘形的底座，以圆柱形支柱连接半球形炉体，周围雕着龙纹和云气纹。这个香炉的魅力足以让人驻足观赏。

有位大臣突然萌生出一个念头，如果有个小薰炉放在被中，整夜整夜散发香气，既可以除臭灭虫，又清洁空气，该多惬意呀！于是，他把这个制造任务交给了丁名缓。

过了段时间，当这位大臣看到丁名缓交出的被中香炉时，被惊呆了。对于这个制造，他非常满意，并重赏了丁名缓。

那么，丁名缓是怎样完成这个任务的呢？

科学揭秘

丁名缓接到这个任务时，非常茫然，不知从何处下手。他左思右想，终于想出了解决问题的办法，他让炉体在最里面，它的轴支持在第一层球上，当外球绕这轴上下滚动时，炉体能保持不动。第一层球的轴又支持在第二层球上，当外球绕这轴左右滚动时，炉体仍保持不动。第二层球的轴又支持在第三层上，当外球绕这轴顺时针或逆时针滚动时，炉体依然保持不动。这样，全部结构就保证外球做任意方向滚动时，内部的炉体均能保持不动。

考考你

如下图，蜡烛是平衡的，如果两边同时燃烧，那么燃烧的蜡烛是会两端上下摆动直至燃完，还是会两端保持平衡燃烧呢？

答案

蜡烛会在两端上下摆动中直至燃完。因为蜡烛两边的火势不同，当重的一端在下时，燃烧快，当它烧至轻于另一端时，另一端则下降。这样反复循环，蜡烛就会在两端上下摆动中燃烧完。

17.会跳舞的豆子

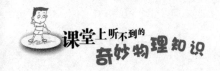

一次，奇奇跟妈妈出去旅游，见到一个小商贩在路边卖一种会跳舞的豆子。出于好奇，他围了过去。

在一个玻璃杯里，有一颗小青豆，光溜溜的，看不出有什么蹊跷。可是，它果然会跳，每隔几秒钟就突然腾空跳起，落下来敲得玻璃杯底当当作响。

“这豆子是什么豆子？”奇奇问。

“这是普通的豆子。”小商贩说。

“我们家的豆子为什么不跳呢？”

“告诉你吧，这豆子里有个会跳舞的虫子。”

“小虫子是怎么进去的呢？”

“在开花的时候，有一种卷叶蛾飞过来把虫卵产在花的子房里，子房长成豆子时，卵就在豆子里变成小虫了。”

“豆子怎么会跳呢？”奇奇不停地发问。

“小虫在里面吃豆子长大，在它的肚子上长出一个叉来，它就靠这个叉来弹跳。”

“小虫子在豆子里面跳，怎么又让豆子跳呢？”

“小虫跳，豆子当然跳了。”

“为什么？”

这下小商贩回答不出来了。那么，你知道这是为什么吗？

科学揭秘

在豆子里空隙较大的情况下，小虫在里面向上跳起时，必然碰到外面的豆子外壳，给豆子一个冲力，就使它从静止开始运动了。好比人在一个大纸箱中起跳时，如果向上运动碰到纸箱，人和纸箱就可能一同向上运动。如果豆子中空隙部分太小，那是跳不起来的。在这个过程，小虫消耗身体的能量，变成动能，这动能又变成小虫和豆子的重力势能，而达到一定高度。当然，如果没有豆子，小虫会跳得更高些。

玩一玩

把生、熟鸡蛋分别在桌上旋转，看看各有什么反应？再用手指分别碰一下正在旋转中的生、熟鸡蛋，看有什么现象出现？

旋转时，生鸡蛋不稳定，熟鸡蛋很稳定。手指轻碰时，生鸡蛋会继续转动下去，熟鸡蛋会立刻停止转动。

科学原理

熟鸡蛋中的蛋黄和蛋清紧紧地连在一起，呈固体状态。所以，当外界的作用力发生变化时，作为一个整体的蛋黄、蛋清会比生鸡蛋做出更快的反应。生鸡蛋里的液态蛋黄、蛋清可以在蛋壳内自由地运动，由于惯性的缘故，当外部的作用力发生变化时，它们做出的反应会比较迟缓；相反，熟鸡蛋则会较快反应，立刻停止转动。

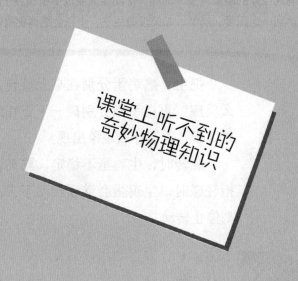

课堂上听不到的奇妙物理知识

三

一动一静的神奇声和光

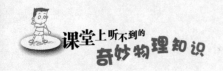

1.谁泄露了秘密

在意大利的西西里岛上，有一个石窟，人们给它起了一个非常奇怪的名字，叫作“杰尼西亚耳朵”。人们只要站在石窟入口处的某个地方，就能听到很远处窟底的声音，就连很微弱的声音，甚至连人的呼吸声都能听到。

在古代的传说中，暴君杰尼西亚就把囚犯都关在这里，犯人在洞里说的任何话，杰尼西亚都知道。人们很奇怪，杰尼西亚是怎么知道洞里犯人谈话的内容？难道说犯人中有告密者？这个告密者是谁？人们一直没有揭开这个秘密。后来，随着科技的进步，人们才终于明白告密者是谁了。你明白吗？

科学揭秘

其实并没有什么告密者，这是声音聚焦的原因。一个凹面镜可以把阳光会聚到一个点上，声音也可以用一个类似凹面镜的东西会聚在一起。在科技馆里，有相距十几米远彼此相对的大凹面镜，在一个镜子的前面小声说话，站在另一面镜子面前的人就可以清楚地听到说话的声音。这就是“声音的镜子”。

玩一玩

请你把一个金属餐匙拴在软铁丝的中间。再把软铁丝的两端分别缠绕在双手的食指上，把两个食指塞入双耳，然后让餐匙撞击墙壁。当餐匙下垂把软铁丝拉直时，你会听到敲钟似的响声。

科学原理

声音不仅可以通过空气传播，而且可以通过一切固体、液体和气体进行传播。在这里，通过敲击，金属餐匙发生振动，振动通过软铁丝和手指传到了耳膜上。

2.宝物里的秘密

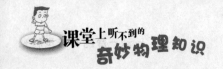

古代有个财主，家中有个世代相传的宝物，这个宝物的样子为一个铜制的圆筒，圆筒上顶着一个盖子，盖子上趴着一条龙，盖子和筒口之间有一段距离，他们能向筒里放东西，但看不到筒底，因为盖子挡住了视线。

听说在筒底刻着字，谁能看见那些字，就知道祖先留下的财宝在哪里。不过这只是祖辈传下来的一个故事，谁也没有真的相信，更不想弄坏这个传家宝来证实这个莫须有的传说。

当这个传家宝到了第十二代时，在好奇心的驱驶下，主人想揭开这个谜底。在他的研究下，终于在没有损坏宝物的情况下看到了筒底祖先刻下的字。

那么，你知道他是怎样看到筒底字的吗？

科学揭秘

原来，一天他在无意中把水倒入筒里，发现筒底好像升高了，透过圆筒和盖子的缝隙可以看到筒底的文字。上面写着：宝物在知识里。

当光线从空气射向水的时候，光线靠近法线（和分界面重要的线）；当光从水中射向空气的时候，光线远离法线。筒底的文字反射的光在从水里射向空气的时候，由于折射向筒边偏了一些，所以才能穿过盖子和筒边的空隙，使这位好奇的主人看到了它。

知识链接

光线从空气中（精确地说是从真空中）进入某一种透明物质，传播速度减少得越多，折射就越厉害。光在真空中的传播速度和某种媒介的速度之比称为折射率。

光在不同的媒介里传播速度不同，就好像车子行驶在不同质量的道路上，在柏油路上的速度快，在沙石路上速度慢一样。假如我们把一辆两轮车斜着方向从平坦的道路推到沙土路上时，在道路的分界面上，车子会拐弯，其原因是一个轮子会先遇到沙土，它的速度立即减慢，而另一个轮子按原来的速度前进，两个轮子的速度不同。等到两个轮子同时进沙子地后，车子又会沿直线方向前进。

3.热水瓶里的声音

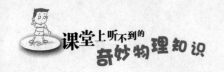

丽丽在家里是个勤劳的孩子，打水、洗碗等家务活都会干。

一天，她打水时，无意中听到热水瓶里有响声，她非常疑惑。每次灌热水瓶的时候，都是热气腾腾，很难看清水是否灌满，但是几乎都听得出来水是不是灌满了。

刚一开始热水瓶是空的，水撞击瓶底发出低沉的“咚咚”声，随着水位的升高，声音变得尖细起来。因此，丽丽通过听声音的变化，就可以准确地知道热水瓶是不是灌满了。

但这是为什么呢？丽丽说不出其中的道理。那么，你能说出其中的道理来吗？

科学揭秘

别看空气看不见摸不着，但空气是我们这个世界中声音的主要发生和传播者。当水灌进热水瓶里时，扰动了空气，使空气振动，发出响声，随着水位的增加，上方的空气柱变短，所以音调变高。

知识链接

管乐发声的原理也是这样。笛子是用一根竹管做成的，在侧面开了许多孔。吹笛子的时候，用手指堵住不同的侧孔，就能改变音调。堵住侧孔的作用，就是在控制笛子内空气柱的长度。笛子管内空气柱的长度是从吹口处到第一个被打开的侧孔计算的。如果用手指把侧孔部堵上，空气柱最长，音调最低，把最靠吹口的一个侧孔打开，空气柱最短，这时候音调最高。单簧管、双簧管等管乐器，也是这个道理。

号这种乐器很长，西藏喇嘛寺举行庆典的时候，吹的法号有十几米长，同理，发出的声音很低沉。如今把号管卷起来，不失为一个聪明的发明。

4.哈莱曼的判断

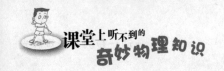

那时，贝多芬的耳朵变聋了，他在暑假时一般都去维也纳附近的乡村避暑。在这里，有他的好朋友哈莱曼。不过，哈莱曼的双目已失明，也是孤身一人，所以他们常在一起弹琴。

一天晚上，贝多芬正在弹着钢琴，坐在一旁倾听的哈莱曼忽然听二楼有不正常的声音。他对贝多芬说："楼上有贼！"便拿出防身的手枪要上楼。贝多芬拉住他说："你去太危险，还是我去吧！"

"不。你看看二楼有灯光没有？"

贝多芬回答："一片漆黑。"

"太好了。"哈莱曼说着就上楼去，贝多芬跟在后面。打开二楼的门，一点声音都没有，除了一座大钟的滴答声。贝多芬心想，窃贼在哪里呢？他紧张地在黑暗中搜索目标，突然，哈莱曼悄悄地走过来，向贝多芬比划了位置，随着枪声响了，接着是一声惨叫，有人倒地。贝多芬匆忙打开灯，看到窃贼躺在大座钟的前面，屋里的壁橱、箱子已被撬开，东西散落一地。他们立即报了警。

贝多芬对哈莱曼非常佩服，问道："你是怎么知道窃贼的位置的呢？难道你听到他心脏跳动的声音了？"

"不，朋友。虽说盲人的听觉敏锐，可还听不到那么远的心跳声。应该说，正是因为听不到声音才使我知道他在那里的。"

聪明的贝多芬环顾了四周，又看了看大座钟，恍然大悟。

那么，你知道哈莱曼是怎样知道窃贼的位置的吗？

科学揭秘

因为声音在空气里是从声源向四面八方沿直线传播的，当时窃贼恰好站在大座钟的前面，挡住了滴答作响的钟摆声，使哈莱曼注意到这时声音不如平常那么清晰了。他以敏锐的听觉，准确地判断出了窃贼所在的位置。

知识链接

声音是由振动产生的。当你说话时，就会引起空气振动，振动传播出去，只要某人的耳朵接收到了这种振动，他就会听到你的声音。声音能够在固体、液体中传播，也可以通过空气或其他气体传播。随着声音的传播，空气中的分子被挤压在一起，接着被分开，然后又被挤压，再被分开，如此反复，就产生了声波。

玩一玩

往高脚薄壁玻璃酒杯中装半杯水。用食指蘸点杯中的水，然后轻按杯沿缓缓移动，杯子就会发出颤动的声音来。

科学原理

当手指在杯沿运动时，会出现微小的冲击。玻璃杯开始抖动，于是发出了声音。如果手指上有一点油腻，在杯沿上就不会出现必要的阻力。声音的高低取决于杯中水的多少。杯子的振动在空气中产生声波，它同样可以清晰地传递到水面上（这个试验只有当手指潮湿时才能成功）。

5.奇怪的声音

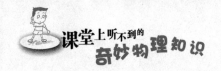

有两个英国人随殖民军来到非洲掠夺金刚石矿，不巧的是，刚进来就被当地的土著人包围了，被逮到了一间黑屋子里。

“我怎么也想不通，他们是怎样发现我们的呢？为什么一下子过来这么多人包围了我们？”矮个子说。

“我们太大意了吗？没有啊，我们一直高度警惕啊！”高个子自问自答，“上一次，我们得手了，只要听到土著人吹哨的声音，就知道他们发现了我们，并且召集他们的人来包围我们。可我们及时撤退了。”

“是啊，他们是用哨音来传信的。”

“经我观察，他们见到外人时，就吹一声长长的哨音告诉其他的土著人；见我们走了，他们就吹两短声，其实他们还挺聪明的。”他们虽然被抓住，但还是看不起土著人。

“这次……看来这个部落的土著人比那个部落的更聪明。”

“他们到底怎样传信的呢？”

“我看见他们在吹哨时嘴里放有东西。”

“是什么东西？”

“看不清。那东西很小，吹的时候好像十分费力，但听不到声音。吹哨的人带着一条大黄狗，这狗很听主人的话，跟在后面一声不吭，只是偶尔抬头看看主人。”

“奇怪，人不喊，狗不叫，那么远处的人怎么知道我们来了呢？”

土著人传消息之谜，他俩始终也没弄明白。

那么土著人究竟是靠什么传递消息的呢？

科学揭秘

其实，当地的土著人也是靠哨音传信息给远方的同伴的，不过，他们用的哨子很小，发出的声音也不是普通的声音，而是每秒钟振动几万次的超声波。

人耳听到的声音，最低是每秒钟振动16次的声音，最高是每秒钟振动2万次的声音，再低再高就都听不见了。但狗能听见超声波，土著人训练狗，使它一听到超声波就抬头蹭蹭主人，主人知道情况有变，就吹哨向远方发出超声波，一站接一站，各处的土著人很快都知道了，一起赶来包围偷金刚石矿的殖民者。

知识链接

超声波是频率在20kHz以上的声波。它不能被人听到，是一种机械振动在媒介中的传播过程，具有聚束、定向、反射、透射等特性。它在媒介中主要产生两种形式的振动，即横波和纵波，前者只能在固体中产生，而后者可在固体、液体、气体中产生。

玩一玩

把相同的七只玻璃并排放在桌子上。往杯子中依次注入不同高度的水。用杯子轻轻敲击杯沿，水位高的杯子，敲击时发出的声音比较低；水位低的杯子，敲击时发出的声音比较高。

科学原理

当你敲击杯子沿时，杯子振动了。杯子里的水越少，杯子振动得就越快，发出的声音也就越高；相反，杯子里的水越少，发出的声音也就越低。

6.不错的办法

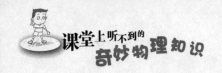

有一支探险队行走在雪山之中，由于有阳光的照射，四周一片光亮，非常刺眼，其中一个探险队员拿出温度计一测，气温却在零下48℃。

到了中午时分，探险队找了块平地准备做午饭。“不好了，打火机丢了！”正要生火做饭的罗斯特惊叫起来。这是探险队仅剩的一件生火用具。

“要是有个放大镜就好了，用阳光取火一定能成功。”希鲁克林说。

“让我好好想想，一定会有办法解决的。”教授说。

“能有什么办法？四周都是冰，用它们灭火倒是好材料。我们还是生吃鹿肉吧。”希鲁克林饿得有些等不及了。

“对了，曾记得有本小说这样写道，主人公取下两块手表的玻璃表盖，中间盛上水，周围用胶布缠好，不让它漏水，就制成了一个凸透镜。在阳光下聚焦，能把火绒点燃。我们是否试试？”罗斯特说。

“其实这个办法不可取。”教授说，“因为水能挡住太阳光的大部分热量，在聚焦点上是很难点燃的，不过，我们不妨用冰来点火试试。”

“什么？不是我听错了吧？不是有人说，冰和火不能在同一个炉子里吗？”希鲁克林说。

那么，你认为教授的方法能行吗？他是怎么做的呢？

科学揭秘

教授的办法应该是可行的。教授让希鲁克林去凿一块淡水结成的冰块，越透明越好。希鲁克林不一会儿给教授找来一块长宽各20厘米的冰块。教授仔细地用小刀把它刮成凸透镜的样子，又用皮手套的面摩擦凸面，给它抛光。

教授将冰透镜对着太阳，在那样冷的环境，不必担心冰透镜会融化。阳光经过透镜的折射，在下面不远处聚成一个很亮的耀眼光点，这里温度极高。他们在光点上放了纸片，不到半分钟，纸片就燃烧起来。他们又有火做饭了。教授的办法成功了。

不一会儿，他们就吃上了热气腾腾的熟肉了。

考考你

以下有三个不同形状的多棱镜，它们中哪个能把太阳光线分成七种颜色呢？

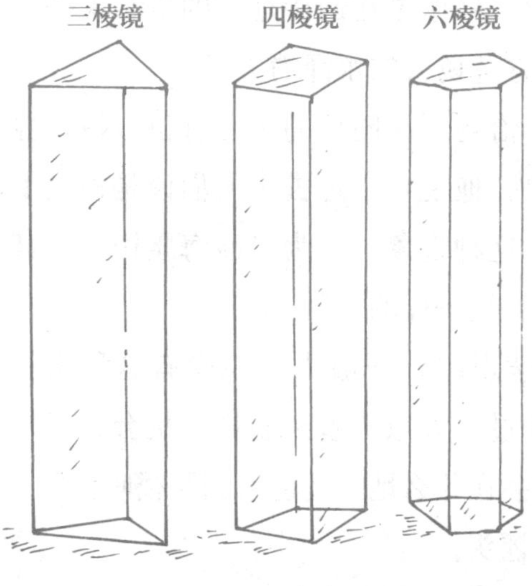

答案

三棱镜。

太阳光中混合着波长不同的光，照到三棱镜上时，折射率因波长的不同而各不相同，又由于三棱镜的折射率强，故能把光分解成多种颜色；而四棱镜和六棱镜折射率弱，也就无法把光分解成多种颜色了。

7.沙海蜃楼

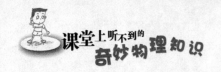

这是一个炎热的夏季，一辆汽车在茫茫的大西北沙漠中奔驰，一望无际的沙丘和单调的景物使人昏昏入睡。

突然一个乘客对着窗外大喊道："快看，前面有一片水泽！"人们立刻把头转向窗口。在远方确实有一片蓝色的水泽，随着汽车的运动不断地变换着位置，好像给这里带来了一丝凉意。这是上午9时55分的事。

10时14分，淡蓝色的水泽从西北方向移向正西，并奇迹般地从水泽里叠化出一座座白色楼宇的倒影，好像是在迎接远方的贵客来临。但是当驱车接近这个水域的时候，这片诱人的水泽消失了。

这时，车上的人们议论纷纷，恰巧，在同行的车上有位教授，他给人们解释了这种奇怪的自然景象，他说："过去，人们说是沙漠上的魔鬼在戏弄疲劳的旅客。现在，这种现象被称为'沙海蜃楼'。其实，这与海面上出现的'海市蜃楼'是一样的。"

"海市蜃楼是一种罕见的光学现象，一般人是很少有这种眼福的，甚至一辈子也难见到一次。不过，大家有看到蜃楼的机会，只是没有前面说得那么好看。你们知道会在什么地方还能看到蜃楼吗？"

大家相互望望，对着教授摇了摇头。

那么，你知道还能在什么地方见到蜃楼吗？

科学揭秘

当你顶着烈日沿着马路向前走的时候，你会发现在马路的尽头水汪汪的，好像洒水车刚刚洒过水一样。水面上还映出了汽车的倒影和过路的行人。但是当你快步走向前时，那片水塘便消失了，或移到更远的地方。这就是你们看到的“马路蜃楼”。

它的原理和沙海蜃楼一样。蜃景是热空气耍的把戏。黑色的柏油路面，在火热的太阳照射下，大量吸收热，然后又向四周辐射出去。因此在地面的周围就形成了一个热空气层，热空气层上面的空气则还是比较冷的。当光线射到冷热空气的分界面上时，会发生折射，这样，地面上的热空气就像一面镜子一样把射来的光线反射回去。其实，简而言之，当地面覆盖了一层热空气时，就像在地面铺了一个大镜子，不过这不是真正的镜子，路面上的热空气漂浮不定，所以从上面反射的影像给人以水塘的感觉。沙漠上的蜃楼幻景也是这样形成的。沙粒上方的热空气也像一面镜子一样把远方的景物反射出来，形成水泽的幻觉。

知识链接

蜃景不仅在海上、沙漠中产生，在柏油马路上偶尔也会看到。蜃景的种类很多，根据它出现的位置相对于原物的方位，可以分为上蜃、下蜃和侧蜃；根据它与原物质的对称关系，可以分为正蜃、侧蜃、顺蜃和反蜃；根据颜色可以分为彩色蜃景和非彩色蜃主，等等。

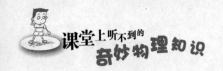

8.尾灯的故事

对于尾灯，我们并不陌生，不过关于尾灯，还有一段小故事。

在20世纪30年代，自行车在英国风行一时，但英国是一个多雾的国家，自行车的出现给交通安全带来了很大的隐患。因此，英国政府为了想办法解决这个问题，悬赏征集建议。

解决问题的方案就是我们现在使用的尾灯。

尾灯看起来是一片塑料，其实作用和构造很巧妙。当汽车灯光照向自行车时，自行车的尾灯能强烈地发亮，引起司机的注意。你也许认为那与镜子的作用相同。其实不然，要想看见镜面发射的光，入射光线必须垂直于镜面。观察的人也必须正对着镜面，若光从侧后方照射时，由于光反射向另一侧，观察者就看不到反射光。

那么，我们为什么能看得见尾灯的光呢？

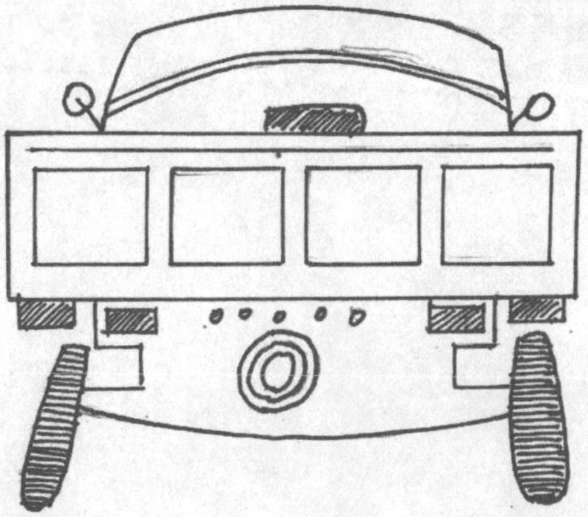

科学揭秘

我们知道，如果光线不沿水平入射，反射光也就不沿原路返回，而射向另外一个方向。这种情况怎么办呢？这并不难办，只要把三面相互垂直的镜面装在一起，就像一个箱子的一角一样，问题就解决了。这种装置叫“角反射器”。三面镜子组成的角反射器有三条公共的棱边，相当于三个偶镜，因此光线无论从什么角度射到它上面，都会沿着原方向反射回来。仔细观察尾灯的红色塑料片，上面有很多凸起的部分，每个凸起的部分都是一个角反射器。汽车的前灯照在它上面的时候，就能把光按原方向反射回去。其实公路上的“猫眼”就是一些简易的角反射器。

玩一玩

把铝箔揉成一团后，再把它展开、拓平。重新把铝箔放到你的面前，仔细观察你在铝箔中的镜像。这时你会发现铝箔不再像刚开始那样闪闪发亮了，同时你在铝箔中的镜像也消失了。

科学原理

当你的头部将光线反射到一个光滑平整的平面上时，这个平面就会以同样的角度将光线反射回来。由于被揉皱了的铝箔会以不同的方向反射光线，所以铝箔中再也无法形成一个完整的镜像，自然你的镜像也就不会在铝箔中完整地呈现出来了。

9.汉武帝梦想成真

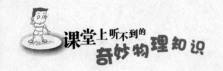

汉武帝开辟了汉朝繁荣昌盛的一个高潮，使得天下充满了祥和的氛围。但有一桩心事搅得他心神不安，他的爱妾李夫人年纪轻轻就离他而去，汉武帝时常在深夜思念她。

一日，他将少翁叫到面前。少翁是个出名的方士。方士是我国古代好讲神仙方术的人，据说可以长生不老，能见鬼神，很得统治者的信任。

“朕思念李夫人，能否见她一面？”武帝问。

“可以，但只能在远处看，不能同在一个帷内；只能在夜晚见，不能在白天相逢。”

“那怎么才能见到呢？”

“在深海里有一种潜英石，极冷时它温暖，极热时它又冰凉。取来潜英石，将它制成人的模样，便像真的神态一样，皇上就能见到李夫人了。”

武帝颇为心动，立即派人去寻找潜英石，少翁拿到潜英石之后，立马就动工按李夫人的图像刻成人形。

入夜，一切准备就绪，少翁让武帝坐在一个帷帐里观看。他面前灯烛齐明，在另一帷帐内列案摆着美酒肉脯。少翁口中念念有词，这时，李夫人出现在前面的帷帐中，武帝不禁心花怒放。可是时间不长，李夫人就徐徐退去。武帝没能靠近她，她又匆匆离去，使他更添相思之苦，悲戚中作诗曰：“是也非也，泣而望之，偏何姗姗其来迟？”

后来，据专家分析，这可能是利用影像在屏幕上表演，并认为这是我国历史上最早的影戏记载。不过，你能用物理现象来解释少翁的影戏吗？

科学揭秘

首先我们要明白影是怎样形成的：光线传播的过程中，如果被物体挡住，物体后面就出现影。所以，成影要具备三个条件：光源、物体和屏幕。在少翁的影戏中，光源是灯烛，被光照射的物体是潜英石雕像，屏幕是帷帐。刻石的影投射到帷帐上，就显现出李夫人的大体模样。移动刻石时，它的影也移动，好像李夫人在走动。当然，以上只是一种可能的解释，这种解释也还有明显的漏洞。再说，即便是以今天的技术重现了古时的现象，也还不能肯定已经破解了古代之谜。因为科学是一件极为严谨的事。

玩一玩

关掉屋里的灯或者拉上窗帘，不让光线进入房间。打开带有反射灯罩的灯，让它照射在白色墙壁上。在灯前放置一个放大镜，手持卡片，放在灯前。卡片上的图画被放大镜放大后反映在墙壁上。

科学原理

被反射的物体，镜头和屏幕之间的距离必须调整到墙壁上的形象清晰的程度。可以放大，也可以缩小。其原理和电影放映机、幻灯机类似。

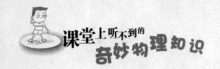

10.巧烧敌船

这是一个大家都十分熟悉的故事。

阿基米德是古希腊的一位伟大的科学家，他发现了浮力定律、杠杆原理。他不仅是一位物理学家，还是一个爱国者。

一年，邻国罗马的侵略军从海上进攻自己的国家，敌人强大的海军眼看就要踏上自己国家的领土，在这危急关头，阿基米德急中生智，他让全城的妇女们把自己的镜子拿出来，全站在斜拉古城堡上，利用镜子将太阳光一齐反射到一条敌人的战船上。不一会，奇迹出现了，聚焦的阳光把敌战船点燃了，敌战船全部被烧毁了。古希腊人成功地打败了敌人。

这个传说为人们流传了一千多年。但是有专家认为，这根本是不可能的事。争论一直在继续。那么，当时阿基米德用镜子反射阳光烧毁敌战船的可能性存不存在呢？

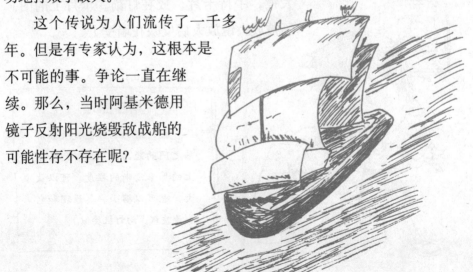

科学揭秘

古希腊时代所用的镜子是青铜镜，既沉重，反光又差，因此，阿基米德用镜子烧敌船的传说，真实性有待考证。有人做过实验，用360块每块15厘米见方的小镜子足以将70米远的木柴引燃，那么，假设当时太阳很毒，青铜镜制作精致，阿基米德调动几千名妇女上城墙，每人手持青铜镜一齐照射几十米远的一条敌船——当时是木船，是有可能将船烧着的。

可也有人说，要把1千米远的大帆船点燃，需要1000面直径为10米的大镜子才行。以此计算，阿基米德需要动用上百万名妇女站到城墙上去。那时哪有上百万名妇女的城市啊，由此得出结论，认为动人的传说是凭空捏造的。由于年代久远，传说已无法考证。现在只能说，这个传说存在一定的可能性。

考考你

把玻璃片洗净擦干，滴一滴水在上面，再用它去看字，你说，它能把字放大吗？

答案 能。把水滴在玻璃片上，水的表面张力会使水缩成球状形，成一个“水凸透镜”，它和玻璃凸透镜一样，对物体有放大作用。

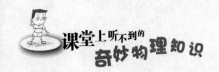

11.水面上的身影

这一天，有一个人跑进警察局说他要报案。警长问他什么事，他说：“昨天，我在池塘钓鱼，一个刺客偷偷从背后过来，正要用匕首刺我。这时，我从池塘的水面上看到了那个家伙的身影，便迅速挥起鱼竿朝后抡去，正好鱼钩勾住了那家伙的脸，那家伙号叫着逃走了。

警长听完这人的话，想了一想，突然大笑道：“这种事你也瞎编得出来！”

那么，你知道警长为什么说这人在说谎吗？他的依据是什么呢？

科学揭秘

报案人说：刺客从背后过来时，他从水面上看到了刺客的身影。这是在撒谎。池塘的水面是水平的，在垂钓者的下面。池塘边的人能看到映在水面上的只能是自己前方的人和景物。只要不是用倾斜的镜子，是映不出身后的人影的。

考考你

小华把杯子放在地上，再把盛有半盆水的脸盆放在杯子上，脸盆没有翻倒，这时小华又将一只塑料碗缓缓地放到脸盆里的一边，你说脸盆会翻倒吗？

答案

不会。因为碗浮在水中排出水的重量等于碗的重量，而排开的水会均匀地分散开去，不会破坏原来的平衡。

12.钻石的命运

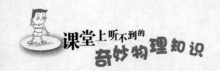

西夫的偷盗特技受到某情报部门的青睐，时常被指派去干些奇妙的工作。当然，这是有特殊报酬的。

今晚他的任务是潜入大合的私宅，盗窃书房保险柜中的密码本。大合夫妇外出参加酒会去了，不在家。西夫轻易地潜入了书房，打开保险柜一看，只有一个首饰盒，并没有密码本。

首饰盒里有许多重达十几到几千克拉的钻石。为不白来一趟，正要顺手牵羊之际，突然大合一人先回来了。西夫迅速掏出手枪逼住大合。

“大合先生，您把密码本藏到什么地方啦？快老实交出来吧。”

可是，大合却镇定地说：“你的手枪上面没有消音器，量你也不敢开枪。我凭什么要交给你呢？”

被大合这么一说，西夫从首饰盒里拿出最大的钻石放到保险柜上面的铁板上，手里晃动着一把小铁锤威胁着。这把小铁锤是他常用偷盗的数种工具之一。

“如果不赶快交出密码本，我就砸碎这块钻石。如果砸碎了它，想必您夫人会心疼的。”

然而，大合不动声色地冷笑说：“钻石在地球的物质中是最坚硬的，就凭你那把小铁锤就能把它敲碎吗？”

西夫一时也愣在那里，他知道大合说的是对的，这小铁锤真的就敲不碎钻石吗？你认为呢？

科学揭秘

钻石会被砸碎。铁虽然要比钻石软，但铁锤的冲击力完全可以把钻石砸碎。正像皮球，用力投出可以打碎坚硬的窗玻璃一样。

不过，用铁制的刀是无法切、削钻石的。只有用钻石的粉末制成的挫刀才能削动它，因为地球上没有比钻石更硬的物质。

考考你

这座房子有四扇门，用了A、B、C、D四种不同的方法加固。请问，哪一扇门的加固方法最牢？

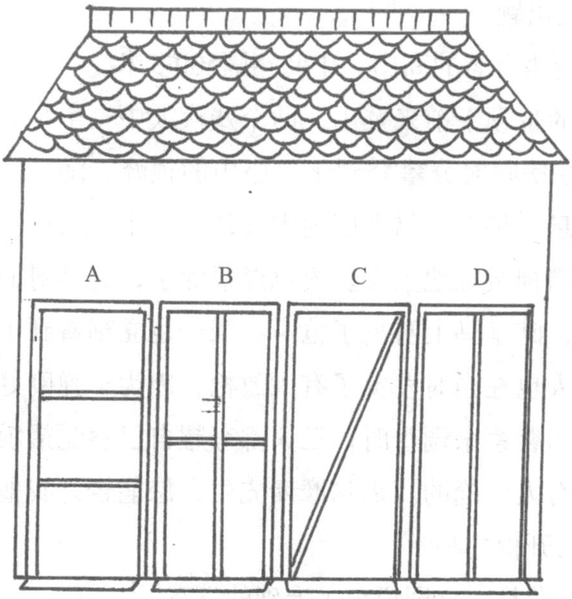

答案

C的方法最好。因为三角形最具有稳定性。

13.谁最先发觉有人开枪

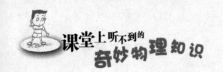

一天，华生和福尔摩斯在居室闲坐喝茶。华生自信自己也有较强的观察分析能力，决定出一个难题试试福尔摩斯，于是笑着说道："福尔摩斯先生，我这儿有一个难题想请教一下您，行吗？"福尔摩斯转过头说："行啊！你说说看。"

华生喝了一口茶，开始出题：

"在坎布连山区，有两座有名的高山，中间相隔500多米。一天，两个残疾人在一个正常人的带领下前来登山。两个残疾人中一个是瞎子，一个是聋子。 三人在傍晚时分攀登到了一座山的顶峰。随后，面向对面的山峰停下来休息。那个正常人因为太疲倦，一坐下来就睡着了，而那两个残疾人还精神蛮好地坐着。夜已经很深了，突然对面山上有人向这边放了一枪，瞎子马上听见了枪声；聋子也立刻看到了枪口上的火花，而睡着的人也在当时发觉了有人放枪，因为子弹刚好擦着他的耳根飞过。后来当警察来调查时，三人都夸耀自己感觉最敏锐，都说是自己最先发觉有人开枪的。福尔摩斯先生，您能告诉我他们三人中谁是最先发觉有人开枪的吗？"

福尔摩斯不等华生话音落地，立即说出了准确的答案。

你知道谁最先发觉有人开枪的吗？

科学揭秘

最早发觉有人开枪的是聋子。因为光的传播速度是每秒30万千米，比空气中声音的传播速度和子弹的飞行速度都要快得多。

考考你

在盘子里盛一些水，再用火点燃一张纸，迅速放入杯子中，立即将杯子倒扣在盘子里。你说，盘子里的水会跑到杯子里去吗？为什么？

答案

会。因为点燃的纸烧完后，杯中的气压变低，盘里的水受大气压力作用被压进杯子里。

14.从盘中敲出的原理

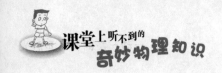

童年时期的帕斯卡就是个喜欢观察和思考的孩子，在学校里凡事都要追着老师问个究竟。

有一天中午时分，帕斯卡吃完午饭，独自在厨房外面玩耍。

厨房里不时传出叮叮当当餐具碰撞的声音，这些碰撞声深深吸引了小帕斯卡。于是，他对声音产生了浓厚的兴趣。本来这刀叉与盘子相碰的声音，大家都司空见惯，听了都不会在意。但是，对于爱动脑筋的小帕斯卡来说，他就想弄个明白。

于是，他又亲自试验一次，发现：餐刀停止敲打盘子后，声音还要延续一段时间。如果用手将盘子边轻轻一按，声音就马上停止下来了。

帕斯卡此时还有一种发现：每次用手指去碰鼻子的边缘时，手指都有发麻的感觉。

通过多次的观察和重复地试验，帕斯卡终于得出了结论：声音的传送方式，主要靠振动。即使敲击停止了，只要振动不停止，还能发出声音来。

这就是声学的振动原理。小帕斯卡童年时，就发现了声学的振动原理，从此揭开了他一生伟大科学探索的序幕。长大以后，他成为了法国著名的物理学家和数学家。

知识链接

帕斯卡11岁发现了声音的振动原理，并开始了科学探索。他在16岁就发表数学论文，22岁研制出世界第一台机械计算机，24岁完成著名的真空试验。

由于帕斯卡工作和学习上过于劳累，从18岁起就病魔缠身，1655年病情迅速恶化，1662年8月19日在巴黎病逝，年仅39岁。后人为纪念帕斯卡，用他的名字来命名压强的单位，简称“帕”。

考考你

蚂蚁大军搬粮食回家，它们走哪一座桥会更安全一些呢？

答案

走2号桥。桥梁所承受的力与桥梁的形状有关，2号桥相较于1号桥，它的桥面下有支撑，支撑把桥面的力分散到河两岸的地面上，而1号桥的桥面直接受力被下压，所以其承受力会小很多，故蚂蚁大军会走2号桥。

15.火车的笛声

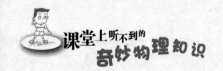

1842年，奥地利科学家多普勒，邀请音乐家在车站听火车的笛声变化。当车朝你驶来时，笛声的音调渐高，汽笛离你而去时，音调立即降低。车的速度越快，音调的变化越明显。

由于音乐家训练有素，他们甚至能确定1赫兹声音频率的变化，这在当时无精确测量仪器的情况下，对科学家是非常有意义的。后来人们把这一现象叫多普勒效应。

为什么会产生多普勒效应呢？按说，声音的频率是由声源决定的，声源振动越快，频率越高。其实，我们听到的音调的高低主要取决于每秒进入我们耳朵的声波数。

多普勒用一个行进的队伍来代表一列声波。当你站着不动，队伍从你的身边经过，每过来一个人，相当于一个声波进入你的耳朵。如果你迎着队伍行走，在相同的时间里通过的人数增加；反过来你和队伍同向行进，这时通过你身边的人数变少。所以在火车迎着你开来时，相当于声波被压缩了，频率变高；背离时声波被拉长了，频率变低。

知识链接

现代社会中，多普勒效应运用十分广泛，它用来测量运动物体的速度：警察用雷达波的多普勒效应测量高速行驶的汽车是否超速行驶，成为超速行车的克星。水文学家用它测量河流的流速，在医院里则可以测量血液在血管里的流速，从而对疾病进行诊断。天文学家利用遥远星体射来的光波频率的微小变化，可以推知星体是向着地球运动还是背离地球运动，并且能知道星体运动的速度，从而验证宇宙大爆炸假说。

玩一玩

用钉子把纸杯底正中打一个洞，把线穿过去，再在线绳一端系一根火柴棍，横着把它固定住。用蜡烛使劲在线绳上摩擦，让蜡覆盖在线绳表面，用拇指、食指摩擦线绳，线绳发出吱嘎吱嘎和嗡嗡的响声。

科学原理

发黏的蜡在手指抽动中摩擦。这个压力分别传递到了杯底，杯底像薄膜一样发生振动，并在空气中产生声波。缓慢摩擦，声波缓慢低沉；快速摩擦，声波即会短暂间歇，从而发出高音。

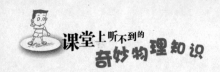

16.谁欺骗了你的眼睛

庆庆有一件白衬衫，非常珍贵，只有在举行少先队的队日时他才穿出来。不过白衬衫穿久了也渐渐发黄了，经别人介绍，他在洗衬衫时在水盆里滴了几滴纯蓝墨水，漂洗过后的白衬衫果然显得更白。但庆庆不知道这是为什么。

有一天，庆庆找到自然老师，于是，老师带着庆庆一起来到了实验室。

老师说做一个小实验就可以揭开这个谜。老师在一碗水里放了一些增白剂，调匀。在一个暗屋子里用强光照射，庆庆发现溶有增白剂的水会发出蓝盈盈的光。

其实，增白剂不是真正地把衣服上的黄色去掉，增白剂在阳光中紫外线的照射下会发出蓝色的荧光，这种荧光和衣服上的黄光混合起来再进入你的眼睛里，就感觉是白色的，以致达到了增白的效果。

许多的洗衣粉和肥皂里都添加了增白剂，就是这个原理。

知识链接

两种颜色不同的光混合以后，人感觉到的就是另外一种颜色。用两只手电筒罩上蓝、黄不同颜色的玻璃纸，把一束蓝光和一束黄光照在墙壁上，如果光的强度配合得好，重合的部分就是白色的。

自然界里大多数的颜色都可以用红、绿、蓝三种颜色的光按不同的比例混合而成，所以红、绿、蓝三种光又称作三基色光。

眼界大开

彩色电视机屏幕上的五光十色，就是利用了红、绿、蓝三种光按不同比例混合得到的。不信，你可以在看彩电的时候做个实验，用一个放大镜或爷爷的老花镜凑近正在播放的电视屏幕看看。在放大镜里你会看到屏幕上的彩色图像变成了一些紧紧挨在一起的彩条，它们是由红、绿、蓝三种颜色的彩条组成的。

17.窥视宇宙奥秘的眼睛

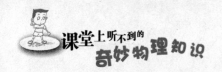

15世纪的荷兰有个眼镜匠，名叫汉斯·李波尔塞，他在米德尔堡开了一家眼镜店。

李波尔塞的孩子受他的影响，喜欢玩镜片。一天，他的孩子们把两块镜片重叠起来，使河对岸的风车一下子“移”到了眼前。孩子们将这个发现告诉了李波尔塞，这个发现让李波尔塞兴奋不已，他着魔似的研究起这些重叠的镜片。后来李波尔塞打磨出一种中间厚、两边薄的圆形镜片，用这种镜片看文字能把字体放大。随后，他又做成另一种镜片，中间薄、两边厚，他戴上这种眼镜一看，周围的事物都变小了。最后，他灵机一动，找来一根竹筒，把两种不同的眼镜片分别装在竹筒的两端，然后凑近一看，他发现远处的景物清晰得就像放在鼻子尖前看一样。就这样，人类的第一个望远镜诞生了。

1608年6月的一天，伽利略也按照李波尔塞的做法，找来一根空管子，一端装凹面镜，另一端装凸面镜，做成了一个小小的望远镜。在威尼斯的圣马克广场的钟楼上，他请来了议长和一些讲解员，让他们依次登上钟楼，用他制作的望远镜观看大海。他们通过望远镜不仅看到了用肉眼无法看见的轮船，还看到了体积更小、速度更快的海鸥……

小小的成功给了伽利略极大的鼓舞。他全身心投入到望远镜的研究中。后来，他又将望远镜的倍数不断提高，5倍、8倍、12倍、20

倍……直至做成了可以放大32倍的望远镜。

后来，伽利略还创制了天文望远镜，并发现了天体的许多奥秘："月亮并不是皎洁光滑的，它的上面有高山、深谷，还有曲曲折折的火山裂痕……而且月亮自身并不发光，它像地球一样。"那时，伽利略描绘着月球的景象。伽利略的这一发现，与当时所有天文家认为月亮是一个发光体的观点正好相反，但这是他亲眼所见的。

银河里有许多小星星，太阳里面还有黑点，太阳本身在自转……伽利略沉浸在望远镜带来的喜悦中，沉醉在探索宇宙奥秘的兴奋中。

知识链接

凹透镜是中央比四周薄的一种透镜，平行光线摄入后，光线在镜片的另一侧会向外散射。近视镜的镜片就属于这类。

凸透镜是中央比四周厚的一种透镜，平行光线摄入后，光线在镜片的另一侧会向中心垂直于镜面的轴线方向折射，并聚集于一点上。如果物体放在凸透镜的焦点以内，则由另一侧看去就会得到一个放大的虚像。远视眼镜的镜片利用的就是这个原理。

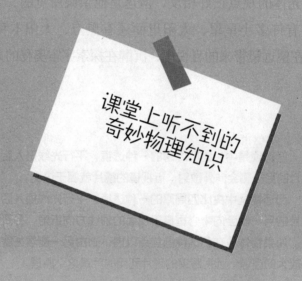

课堂上听不到的奇妙物理知识

四

神秘的幕后大师——电和宇宙

1.风筝上的收获

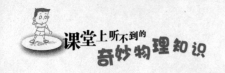

1752年7月的一天，风雨大作，雷电交加，美国科学家富兰克林带着他的小儿子，躲在偏僻的草棚里，他们正在做着一项惊天动地的实验：让雷电从天空中“走”下来。

“爸爸，这风筝有什么特殊作用吗？为什么要在雷雨中放风筝？”小儿子站在茅草棚下，望着天空中翻滚的乌云，迷惑地问。

“傻孩子，瞧，这是一架特殊的风筝。”富兰克林神秘地笑了，“不知这些云海里的天火今天肯不肯乘着我的风筝到人间做一回客呢！”

原来富兰克林在风筝的顶上绑了一根尖铁棒，在风筝线的末端系了一把铁钥匙。他让风筝飞到高空后，云层里的电就会通过打湿的细绳传到铁钥匙上。这样，就能把天上的电顺着风筝上的细绳引下来。刚说完话，天空中划过一道耀眼的闪电，富兰克林立即拉紧手中的风筝线，并紧张地用手指接近系在绳尾的铁钥匙。

“天电来了，天电来了！”富兰克林大声叫着！不仅是他的手指有一种遭到电击的麻木感觉，同时，他还发现铁钥匙上迸射出电火花。

一会，雷声渐渐远去，风轻云淡。富兰克林收下风筝，带着儿子激动地回家了。他从来没有像那天那么高兴——用风筝上的绳居然能把电从天上引下来！经过这次实验，富兰克林的避雷针产生了。

当然，富兰克林的这个实验是相当危险的，极有可能会遭到雷击，从而身亡，但在那时，他并不知道这样做的严重后果。

知识链接

虽然有了避雷针，但当时的人们还是不敢用，认为这是对上帝的一种不敬。可是富兰克林不管这些，首先在自家屋顶上竖起一根数丈长的铁棒，上面连上铜线，一直伸到土里。

有一天，一场雷雨来临，一个雷电击中了教堂，教堂着火了，而附近装有避雷针的房屋却安然无事，这才使避雷针的作用得到人们的认同。由此，避雷针迅速地由美国传到英国、法国、德国，乃至传遍了整个欧洲和美洲。

玩一玩

把一干燥玻璃杯放在桌面上，在它上面再放置金属炒菜铲。用毛料用力快速摩擦泡沫塑料，使其带电。迅速把带电泡沫塑料放置在金属炒菜铲上，用手指去接近炒菜铲的手柄，这时你会看见在金属炒菜铲和手指之间产生了小小的闪电火花。

科学原理

泡沫塑料经过毛料布的摩擦带上了负极电子，同性的电极相互排斥，金属铲上原有的电流全部集中到手柄尖端，在那里出现向手指放电的现象。闪电的电压可高达数千伏，但因为电流量极小，所以是安全的，不用担心被电。

2.橘子电池

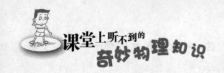

在抗日战争时期，有一次，游击队得到一个秘密情报，小鬼子的车队下午通过村前的大桥。

队长立马决定，在鬼子到达时炸死鬼子。他们迅速把炸药埋在桥下，将引爆的电线从炸药包一直拉到远处的橘林，并接上电池和开关。

为了确保这次战斗的胜利，他们仔细地检查了每一个接口和线路。当检查到电池时，发现因天气太潮导致电池漏电，电压不够了。气氛顿时紧张起来。

“我去桥下埋伏，到时点燃炸药包。”一个民兵说。

“这样太危险！”队长说，“不到万不得已，我们不能这样做。想想还有没有别的办法……”

队长的目光无意中落在眼前的橘林上，黄澄澄的橘子挂满树枝。忽然他眼前一亮，说：“有了！大家摘12个大橘子，要酸的，我们用橘子引爆！”

“用橘子引爆？”

“对！橘子可以做成电池，现在我们只有这个办法了。还得预备几块铜片，几块铁片，要打磨得亮亮的。”

大家很快准备就绪。一个人负责一个橘子，队长负责橘子之间的联结。

鬼子车队一到，随着队长的一声高喊，大家同时把自己手里的铜片和铁片平行地插到橘子里去。只听“轰”的一声巨响，引爆成功。鬼子的车队损失惨重，游击队又获得了胜利。

你明白这其中的道理吗？

科学揭秘

游击队长利用的就是化学电池的原理，即化学变化产生电流。只要把不同的金属，如铜片和铁片，放在酸溶液，或碱溶液，或盐溶液中，这就是一个电池，可以向外供应电流。但过一会儿，电流就会减弱，这是因为在化学变化中，金属片上会产生一些气泡，从而阻挡了电流的通过。如果能及时把气泡除去，便又可以发电了。队长为了保险起见，安排了12个橘子，分为3组，每组4个，4个串联，再把3组并联。

水果电池的制作

玩一玩

找一些铜片和铝片，再剪一些比铜片和铝片大一些的纸片在醋里浸一下。在一个铝片的上面放一个纸片，在纸片上放个铜片，一个简易的化学电池就做好了。铜片是正极，铝片是负极，浸湿的纸片就是电解质。不过，这样的一个“电池“产生的电实在太微弱了。如果把许多这样的“小电池”垒起来，让一个“电池”的铝片放在另一个“电池”的铜片上（这对铝片和铜片之间不要放纸），这时产生的电流就会强一些。

如果很多这样的“电池”垒起来，电流就会很强了。也可以把铜片和铝片插进一些蔬菜水果里，如插在西红柿、柠檬里，这样就可以做成一个有趣的“水果电池”了。

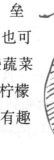

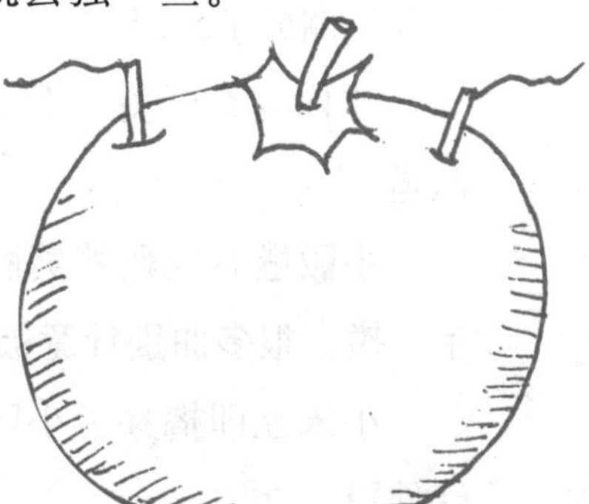

3.揭穿骗人伎俩

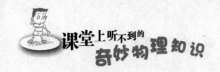

在菜市场里，有位老人向市场管理员小宋反映，有个戴瓜皮帽的小贩卖苹果总是少斤两，如果有人问他，他总是不讲道理。先前就已有几个顾客反映过类似事情，今天，小宋就要去解决这个问题。

“你怎么又欺骗顾客？”小宋问道。

“同志，自从你上次教育我之后，我就再没做短斤少两的事情，不相信你看看。”小贩说着把秤盘翻过来给小宋看，上面干干净净，“盘子底上没有磁铁了吧？我这个人，是知错就改。”

“我想问一下，这位老人刚才在你这买了几个苹果，你还记得吗？”小宋问。

“记得！5斤！”

“好，放上再称称！”

“称就称，足斤足两少不了！”小贩把秤盘尽量靠近身体部位，一称，倒成了5.5斤。

“你现在学好了！卖5斤，给人家5斤半！高风尚呀！”小宋讥讽道。

小贩尴尬地赔着笑脸。这时只见小宋从口袋里掏出一把曲别针随手一撒，很多曲别针竟被吸到了小贩的大腿上。

小宋立即揭穿了小贩的骗人伎俩。小贩耷拉着头，只好乖乖地接受处罚。

那么，你知道小贩耍的是什么花招吗？

科学揭秘

小贩将一块磁铁绑在自己的大腿上，当秤盘靠近时，磁力就吸引秤盘，这样，秤盘里的苹果，再加上这磁力一共称了5斤，而实际苹果肯定不够份量。但吸力的大小与磁铁到秤盘的距离有关，小贩最后称的这次，因为怕露马脚，就尽量让秤盘靠近磁铁，不想，这样磁力又太大了，以至于露出了破绽。

知识链接

磁体又叫磁铁，分为永磁体和电磁体。磁体就是含有磁性的物质，磁性就是能够吸引铁、钴、镍等金属的性质。磁铁有两个磁极，即南极和北极，用S和N表示，同性相斥，异性相吸。电磁铁实际上是铁芯上缠绕线圈并通过直流或者频率不太高的交流电形成的。

考考你

A、B是两根外形完全一样的铁棒，其中一根是磁铁棒。请你不用其他任何东西，鉴别出哪一根是磁铁棒。

答案

当两根铁棒组成T形时，若两棒互相吸引，则竖着的一根为磁铁棒。

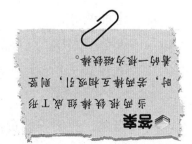

4.小儿辩日

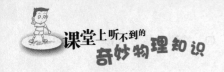

相传在春秋时期，孔子东游来到一个村庄，见到两个小孩在村头争得面红耳赤，谁也不服谁。

孔子走过去问："你们因什么事情争得这么激烈？"

"我说太阳刚出来的时候离我们近。"穿白色衣服的小孩抢着说。

"不对，太阳中午的时候离我们近。"穿黄色衣服的小孩反驳说。

孔子想了想说："你们认为自己对，那就各自说说理由吧！"

穿白色衣服的小孩说："一个东西都是近了看着大，远了看着小。太阳刚出来的时候，像华盖那么大，而到中午变得像个茶盘子。这不证明太阳早晨近而中午远吗？"

穿黄色衣服的小孩说："离火炉近了热，远了凉，这不错吧？太阳刚出来的时候，凉凉的，而到中午热得像在开水锅里一样。这不证明太阳早晨远而中午近吗？"

两个小孩追问孔子："老夫子，我们俩谁说得对呢？"

孔子讷讷地说："你们都很有道理，但也不是全对……所以我不能判定谁说得对。"

两个小孩笑了："都说老夫子见多识广，原来也有不知道的事啊！"

孔子说："知之为知之，不知之为不知，这才是应有的态度啊。"

当然，我们不能责怪孔子连小儿的问题都回答不出来，就是时值今日，要清楚地解释这个问题也不是件容易的事。那么，你能回答出来吗？

科学揭秘

实际上，中午和早晨的太阳离我们同样远。可为什么早晨的太阳看起来大呢？这是眼睛的错觉造成的。造成错觉的原因有三：①背景原因：早晨太阳在地平线，有房屋树木作对比，显得大；而中午，太阳高悬空中，周围空旷，显得小。②亮度原因：早晨太阳亮度与周围的亮度接近，显得大；中午太阳亮度与周围相差悬殊，显得小。③视线原因：看早晨的太阳是平视，显得大；看中午的太阳是仰视，显得小。

为什么早晨感觉凉而中午感觉热呢？那是与太阳的斜射、直射有关，与地面得到太阳热量的积累有关。对同一地面来说，斜射时得到的太阳光少，直射时得到的多。早晨太阳初升，地面本来是凉的，而到中午，太阳已照射半天，地面积累的热量多，再加上太阳几乎是直射，就感到热了。

知识链接

为什么早、晚的太阳发红呢？我们知道，地球周围包着一层很厚的大气，早晨和傍晚，太阳光是斜射向地面的，通过的大气层比白天直射时厚得多。其中七种色光中的黄、绿、靛、紫、蓝等光几乎都被厚厚的大气层拒之门外，只有比较“倔强”的红、橙光冲破大气层的阻力，射入我们的眼中，所以我们在早晚看到的太阳总是红彤彤的。

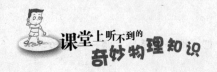

5.神奇的出气砖

牟峰是个铁杆球迷，在世界杯期间，每场都不落下，随着比赛的进行，他又喊又跳，又急又笑。这个足球迷，迷得有些不正常了。

“看，有了齐达内，看着就舒服，我早说过法国队一定能打赢……好小子，不愧获那么多大奖……进了！太棒了……法国队的守门员真有能耐，哈……”

可没过多久，形势急转直下，意大利队大展雄风，连进三球！牟峰这下可受不了了，一边骂着一边顺手摸起身边小桌上的东西就朝电视机砸去。刚一出手，他后悔了，这部彩电是节衣缩食才买来的，砸坏了怎么向妻子交代？电视机会不会爆炸？脑子里迅速闪过许多念头。说时迟，那时快，砸过去的东西正好碰在电视机的屏幕上！牟峰吓得看都不敢看，脑海里出现一个念头：等着挨骂吧。

奇怪，怎么没听到砸碎的声音？怎么屋里变得一点动静也没有了？他睁眼一看，电视机没坏，地上竟是一块砖头！是做梦吧？不是。他仔细看看，这是怎么回事啊，用砖头砸电视机没有砸坏吗？这时，他也困得厉害，没有多想就爬上床睡觉了。

不过，你知道这砸电视机的砖头是怎么一回事吗？

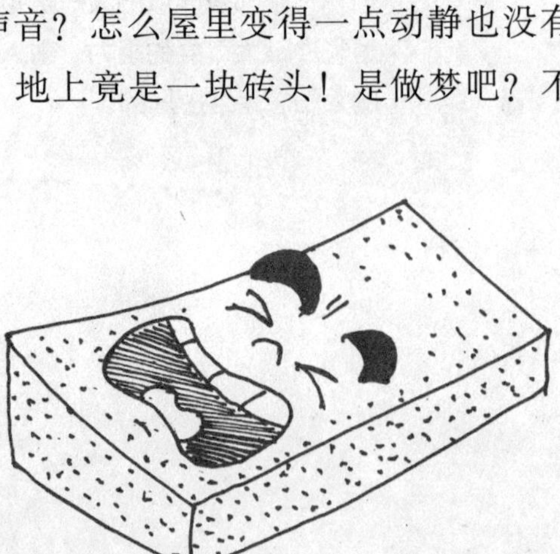

科学揭秘

这种砖头从外形上看真像一块砖头，实际上比砖轻而软，称为出气砖，是牟峰的妻子为球迷牟峰特地买的。该砖里有压敏元件，它一受到压力，电阻值就发生变化，从而影响电路中的电流，这样就把压力变化的信号传送出去。另外还要有将微弱电流信号进行放大的电路，还要有使电视同机切断电源的发射电路，当然还要有自用的电源——纽扣电池。球迷用“出气砖”砸到电视机上以后，由于看不到图像，一般会从狂热状态中清醒过来。对于那些容易过分激动的球迷来说，“出气砖”是个好帮手。

考考你

在光滑平坦的桌面上，放一个乒乓球，用梳子在羊毛织物上摩擦一会，再把梳子靠近乒乓球。请问，这时乒乓球会自动滚向梳子吗？

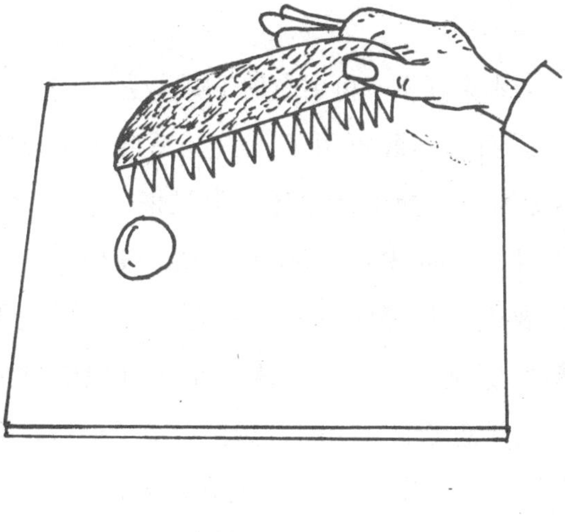

答案

会。由于摩擦，梳子上带有电荷，乒乓球靠近梳子的时候，产生静电感应现象，乒乓球就带上与梳子的电荷相反的电，异性电相吸，乒乓球就被吸引向梳子。

6.一场大火

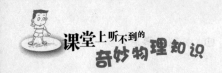

小刘下班回到家，已是万家灯火的时候。他开始做饭。这天煤气罐没有送来，他急中生智，拿出刚买的电炉子，这个电炉子有3000瓦。他知道这个电炉子功率太大，在这种老楼上根本不能用，一用就烧断保险丝。他知道居民楼不该用电炉子，因为楼内的电线不够粗。可还是忍不住想试一试。电炉子刚插上，“啪”的一声，保险丝断了。楼道里一片漆黑，接着一片喧闹声：

“谁家用电炉子了？”

“晚上各家都用电，电线负荷本来就重，再用电炉子哪能受得了？”

小刘非常不好意思，拔下插销，不敢再用了，只好下楼买了点零食随便吃了。当他回家时，不知谁已经换了保险丝，电又来了。

晚饭没做成，小刘一直不甘心。他想：3000瓦太大，改小一点不就行了吗？小电炉子照样发热做饭，只是时间长一点罢了。对！说干就干，他把电炉丝从耐火材料的底座里轻轻取出来，把全部电炉丝伸开摆成个“之”字。每一段大约是总长度的1/3，剪掉2/3多一点，剩下不到1/3，不就变成小电炉子了？不到1000瓦，也许是900瓦呢！他想好，动手剪开，又把电路连好，小心翼翼地把这不到1/3长的电炉丝装到耐火底座的盘沟里。他不敢马虎，又仔细检查一遍，电路没错，心里踏实了。“这下应该没有问题了！”他放心地把插销插到电源插座里。

不幸的是，小刘的行为竟然引起了一场大火，好端端的一幢楼被烧得一塌糊涂。当然小刘逃脱不了应得的惩罚，可这问题究竟出在什么地方呢？

科学揭秘

小刘以为电炉丝截短了，它的电功率会随着电阻的变小而变小，事实恰恰相反。在电压不变的条件下，电炉丝的电阻越小，通过它的电流强度就越大；而电功率是电流强度与电压的乘积。所以在电压不变时，电功率与电阻正好成反比。小刘将电阻减到1/3以下时，电炉子的电功率变为原来的3倍还多，也就是9千瓦以上。更能把保险丝烧断了。

偏不凑巧，第一次保险丝烧断后，大家一时找不到保险丝，最后有人用一根粗铜线代替了保险丝。这粗铜丝即便是非常强的电流也不容易把它烧断。小刘接通电炉丝后，强电流通过墙上的电线，很快把电线的绝缘层烧化了，把电线烧红了，电线周围的木、纸、布等易燃物被引着了，顿时火光四起，引发大火。

玩一玩

端一盘大米爆米花放在桌子上。用干抹布把餐匙擦拭干净，然后用力摩擦使餐匙带电，最后迅速把餐匙悬挂在盛大米爆米花盘子的上方。你会看见爆米花首先被吸到带电餐匙上，片刻，又向不同的方向散射出去。

科学原理

爆米花被带电的餐匙吸了过来，粘在上面片刻。此时餐匙上的部分电子转向爆米花，直到所有的爆米花都带上和餐匙同极的电子。由于同性电子相斥，所以又出现了爆米花四处喷射的现象。

7.大使馆的窃听器

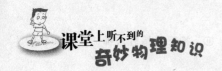

有这样一件事，有个美国驻某国大使馆的工作人员时常感到身体不舒服，经过医院的检查也始终找不出任何病因。他们想，也许是水土不服吧！于是美国做出决定，让这个大使馆的工作人员轮流定期回国休养。

有一次，国内派来了一位电子专家对使馆内的电子设备进行例行检查。他偶然间发现有一束微波每天定时照射这个大使馆，大使馆的工作人员身体不适正是由于受到过量的微波照射才产生的。

原来，大使馆大厅墙上的一个木雕雄鹰是微波照射的目标。鹰是美国的象征，是大使馆所在国家为了表示友好送给美国大使馆的，送来后就一直挂在这个会议大厅里。

电子专家拆开木雕才发现，里面有个极小的窃听器，因为窃听者没有机会给它更换电源，这个窃听器没有电源，实际上也不可能装电源，它的能量全是由一束微波送来的。当微波束照射这个木雕像时，窃听器便开始工作，并且把大厅中的声音由一束微波送回去。电子专家不得不感叹这种设计的巧妙。

那么，你知道微波的作用到底有多大吗？

科学揭秘

自从人们发现微波能传送能量之后，就有人大胆地设想：如果把这个思想用到空中飞行的飞机上，飞机就可以从地面射来的微波束中得到能量。1987年9月就实现了这个梦想，第一架无人驾驶的微波飞机在加拿大渥太华郊外的上空悠然自得地盘旋，它的能量来自飞机肚子下面的圆盘天线，一个像电话亭大小的发电机组把能量通过微波送上天空，飞机收到微波后，再转化成电力驱动螺旋桨。未来的微波飞机可以不着陆地环球飞行，部分代替卫星的工作，不过要每隔一二百千米设一个微波中继站。

知识链接

微波的能量也被用于战争。高功率微波武器又称射频武器，它利用释放出的高功率微波脉冲能量，破坏或烧毁敌方的雷达，可使敌方飞机的航空电子和瞄准系统失灵，也能使巡航导弹、雷达制导导弹、火控电脑等电子设备失灵，甚至还可以损伤作战人员，使其丧失作战能力。

考考你

用毛衣在硬塑料唱片上摩擦若干次，然后把唱片放在干燥的玻璃杯子上。再把几个锡纸做的小球放在上面。请问，这时小球会自动跳开吗？

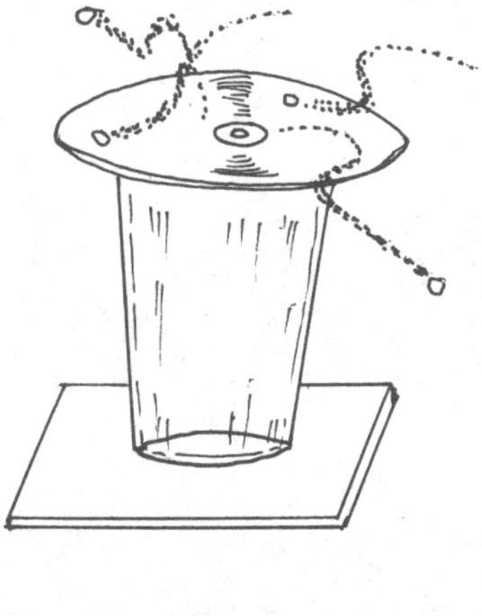

答案

会跳开。因为摩擦起电，电荷不规则地分布在唱片的各个部分，小球在唱片上获得电荷以后，由于同性相斥，便跳开了，但是它们会被唱片上带有相反电荷的部分吸引。

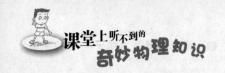

8.战胜癌症的利器

克尼是位工人，平时身体很结实，但在一次体检中查出他患了癌症。命运好像和他开了个玩笑，他是家里的顶梁柱，他倒下了，全家人该怎么办。

紧接着，他的病情加重了，一直高烧不退，绝望的家人都为他准备后事了。几天几夜过去了，克尼竟又奇迹般地活过来了，并且癌肿完全消失了。这件怪事引起了医学界的重视，经过研究发现：癌细胞比一般的正常细胞对热更敏感。高烧杀死了癌细胞，这就是高烧后在癌症病人克尼身上发生的奇迹。

不过高温杀死癌细胞对温度的要求十分严格，不然就会损坏正常的细胞。1975年，德国科学家佩蒂克大胆地采用一种全身麻醉加热的方法。他把麻醉后的病人放到50℃的石蜡液体中，同时让他吸入高温气体，使其体内达到41.5～41.8℃，据说他用这种方法治愈了很多肿瘤病人。

既然高温能杀死癌细胞，那么微波能加热，它又能不能起到杀死癌细胞的作用呢？

科学揭秘

经过研究发现，有的癌细胞要用更高的温度才能杀死。例如：用热杀死脑癌的温度阈值是43.5℃。但是人体不能长期处于这样的高温下，应该有一种局部加热的办法才行。科学家想到微波加热的原理，但是把整个人放在微波下烘烤，是非常有害的。后来人们想到，把微波辐射器做得很细小，再将其送到有肿瘤的部位，这就是先进的微波介入治疗法。对于肝癌的病人，医生先用超声仪器判断肿瘤的位置，精确地引导探针穿刺到病变的部位，再植入微波辐射器，利用微波产生的热量消灭肿瘤细胞。细小的微波辐射器可以从口腔中送到食道里，这种微波发生器可以把食道中的癌细胞杀死，使堵塞的食道畅通。对于前列腺肿大也可以用类似方法治疗。还可以把极细的微波发生器送到血管里烧去血管壁的多余物质，使血管内壁变得光滑和富有弹性。

考考你

把纸片剪成带尖的十字形。把一根针插进软木塞中，使针尖向上，然后把纸片平放在针尖上，使它平衡并能在针尖上转动。再把一个烘干的玻璃杯扣在上面，用一块毛料布在玻璃杯上朝一个方向转着摩擦玻璃杯，那么，十字形纸片会跟着转动吗？

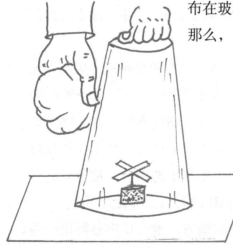

答案

会。因为用毛料布摩擦玻璃杯产生的电荷对十字形纸片有吸引力，尤其是对它的尖端吸引力最大，因此十字形纸片的尖头会随着摩擦部位的改变而转动。

9.神明助阵

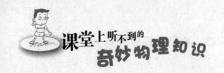

晋代有位大将马隆，少年时的他就有勇有谋，敢作敢为。

晋武帝司马炎即将讨伐长江以南的吴国，不料西方凉州的古羌人将晋代的命官都打败了，占领了河西地方。武帝一筹莫展，在朝上叹道："谁能为我讨伐羌人，收复凉州呢？"

此时的文武官员都知道羌人的厉害，没有一个人敢吱声。这一刻马隆走上前，请求武帝给他三千勇士以平凉州。武帝立马答应他的条件，并封他为武威太守。

许多大臣反对马隆另外募兵，有的官员还将三国时留下的过时兵器给他。马隆意志坚定，毫不畏惧，在武帝的支持下招募勇士，不到半天就招来3500人。武帝又给他三年的军费。公元279年，他率兵向西出发了。

羌人派出了3万余名兵卒围截马隆，他们的首领名叫权才机能，他想了办法，利用古羌人的地理优势阻挡马隆的前进，并且在有些隐蔽的地方设下埋伏，声势洗大，不可一世。马隆临阵不惧，在宽阔的地方，就以鹿角车开路，在狭窄的地方，就在车上放置一个木屋挡住敌人的视线，边战边向前推进。马隆充分运用部下的弓箭，使他们的弓箭所到的范围内，敌人死伤惨重，这一招让敌人的士气大大下降。

有一天，马隆来到一处遍地有磁石的地方。他心里突然涌出一条计谋来打败羌兵。那么，你知道马隆将利用什么来取胜吗？

科学揭秘

马隆选好地形，在狭窄的山口两旁堆满磁石。羌人身被铁链，在走近时，将受磁石感应而被吸引，而马隆部下在战前都已经脱下铁铠换上犀甲，磁石无法吸引皮革，他们的行动就不会受到阻碍。马隆率兵去攻打羌人，羌人骑马大举反攻。马隆佯装败退，羌人在经过一个狭窄的山口时，他们都像遇见了魔鬼，无法走出山口。羌人这时感到行动困难，好像有许多无形的手在拉他们。那时文化落后，人都很迷信，不知谁喊了一声：

“不好！马隆有神明相助。”

刹那间羌人乱作一团，纷纷后撤，退出山口。马隆见时机已到，一声令下，进行反攻，杀伤无数，从此朝廷平定了西凉。

考考你

可可把这块磁铁放在火上加热，然后让它冷却，那么，请问这块磁铁还能吸住铁吗？

答案

再也吸不住铁了。因为加热产生的热分子破坏了电子运动方向的一致性，磁效应作用相互抵消了。

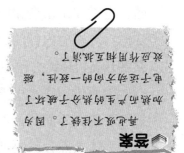

10.融化的巧克力

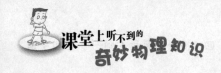

美国雷西恩公司有个做雷达起振的实验室，这里聚集了许多有名的工程师，有位名叫珀西·斯潘塞的工程师对雷达起振的实验非常投入。一天，他的同事看到他胸前的衣兜里渗出暗黑色的液体，就慌忙告诉他："你怎么受伤了？上衣袋那儿有血流出。"

珀西用手一摸，湿乎乎的，脸色立刻变得煞白。可是他又突然明白了，是上衣袋里的巧克力融化了，真是一场虚惊。

珀西走进更衣室换了件干净的衬衣又开始了工作。他边换衣服边思考：巧克力是固体的，怎么会融化呢？再说温度很低，为什么会有这种情况出现？

珀西正在研究波长为25厘米雷达电波在空间分布的状况，此时雷达天线正在发射着强大的电波。

刚才发生的事情引起他极大的好奇心，忽然，他的灵感产生了，他明白了，肯定是雷达波在作怪。世界上的物质都是由带电粒子组成的，电磁波是由变化的电场和磁场组成的。电磁场的方向不断地变来变去，巧克力内部的分子来回振荡，分子彼此激烈地碰撞产生热量，温度升高，巧克力便融化了。

珀西想：在水里煮一个鸡蛋或一块肉的时候，热量是从外面慢慢传进去的。外面的蛋清已经煮老了，里面的蛋黄还没有太熟，为了把整个鸡蛋煮熟，就要延长加热时间而浪费许多热量。如果用雷达波加热食物，每一小部分都在电磁波的作用下同时热起来，并不需要热的传导，会非常省时，于是微波炉由此诞生了。

知识链接

微波的主要特点是它的似光性、穿透性和非电离性。似光性——微波与频率较低的无线电波相比，更能像光线一样传播和集中；穿透性——与红外线相比，微波照射介质时更容易深入物质内部；非电离性——微波的量子能量与物质相互作用时，不改变物质分子的内部结构。

眼界大开

微波不仅用来加热食物，筑路工人还用它来加热铺路的柏油。

考考你

用一张纸，剪一条螺旋形的纸条，再做一个铁丝架，顶在纸条中端，然后放在亮着的台灯灯泡上，请问，一会儿纸条会旋转吗？为什么？

答案 会。因为一会儿灯泡会发热，纸条受到上升的热空气的作用，所以会旋转起来。

11.会跑的“黑板”

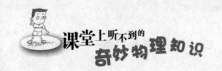

1820年的一天，法国科学院召开了由物理学家阿拉果介绍奥斯特关于电流能够产生磁场这一新发现的大会。演示让大家目睹了电流作用磁针现象。在场的科学家目睹眼前奥斯特发现电流磁效应的实验，心中产生了强烈的震动。

在讨论过程中，安培提出：“既然电流能够像磁石一样吸引小磁针，那么，由此可以推断，导线中的电流也能够相互作用。”

这一独特的见解马上引起了阿拉果和毕奥的兴趣。

会议一结束，安培就与两位科学家见面，在去大门的走廊上，安培的脑海中突然出现两条平等导线中电流的作用问题。他边走边想，并陷入思考之中。

正当他想得入神时，一抬头，隐隐约约看见前面有一块黑板。

“太好了！”原来，安培正为没有地方运算发愁呢。

于是，他走到黑板前，从口袋里掏出一支粉笔，在黑板上开始计算起来。

写着写着，这黑板走起来了，安培跟在后面不停地写着。黑板越走越快，安培就跟着跑起来。跑了一会，黑板突然不见了。安培这才发现，刚才那根本不是什么黑板，原来是一辆马车的车厢背面。

安培对奥斯特的发现深深地着了迷。回去以后，他集中全部力量进行研究，在不到一个月的时间内，安培就向科学院提交了三篇有关研究论文，报告了他一生中最伟大的发现：电流不仅对磁针有作用，而且两上电流之间也有相互作用。在两根平行的通电导体中，如果电流的方向相同，它们就相互吸引；如果电流的方向相反，它们就相互排斥。

后来，安培在这个基础上继续探索着，在研究中又取得了大量成果，并且发现了电流之间相互作用的规律。后来，人们把这一规律称为“安培定律”。

眼界大开

安培是法国物理学家，他一生中只有很短的时期从事物理工作，却成了电动力学的开创者。这是为什么呢？因为他能够独特、透彻地分析，并善于借助数学研究中的成果，才使他的物理学研究如虎添翼，终成伟业。

12.克敌制胜的法宝

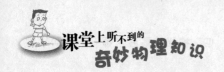

沃森·瓦特是一位英国物理学者，曾在安德鲁斯大学任教，后来进入英国国家物理研究所无线电部搞研究工作。此后，他又开始了对雷达的研究。

为了获取空中的一些气象资料，瓦特常常把无线电波发射到空中去，通过一些云层反射回来的电波进行研究。

1935年的一天，瓦特接到英国皇家空军司令部提出的一个问题："你能否研制出一种名叫'死光'的新式武器？"

这种新式武器只用电波，不用炸药。瓦特明白这种"死"仅仅是一种被人们广为传说的东西。据说，它可以从地面上轻易地射杀飞机上的驾驶员。瓦特认为，制造杀人光是不可能的，而利用无线电来发现敌人的飞机则是有可能的。

瓦特经过多次实验，制造出了一台专用的无线电接收器，接收器上安置一个玻璃荧光屏。不久，他又制造了一台专用发射器。

这一天，瓦特用这两台机器进行试验，当接收器的荧光屏上突然呈现三条线时，瓦特兴奋地大叫："有三架飞机飞过！"

屋外的人朝空中一看，果然，有三架飞机正在他们头顶上飞过。

大家顿时欢呼起来。世界上第一部雷达就这样诞生了。

知识链接

CNK反测速雷达探测器是目前世界上最先进的测速雷达波及测速雷射探测器。CNK反测速雷达探测器能探测世界上所有的测速波段（x、k、新k、ku、ka超宽波段），并具有360° 雷射探测能力。当遇到雷达（雷射）测速信号时，此探测器会提前发出声光提示，提醒司机注意行车速度，免受超速罚单。

眼界大开

一般雷达有一个特制的可转动的半球面形天线，它不仅能发射电磁波，还能够接收电磁波。光线向一定方向发射不连续的电磁波。每次发射持续的时间为百万分之一秒，两次发射间隔的时间大约是发射时间的一百倍。这样，发射出去的电磁波如果遇到障碍物，马上就被反射回来，并被光线接收到，提示仪器就可以判别出前面有飞机或舰艇之类的障碍物。

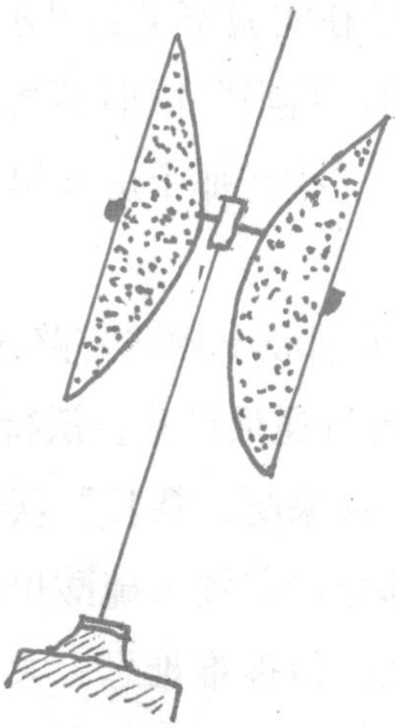

13.远方的呼唤

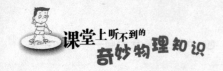

美国的莫尔斯发明电报不久，人们对电的作用产生了极强烈的印象，波士顿大学的贝尔也怀着浓厚的兴趣，在业余时间进行研究。

一次，他在做实验时发现，当电路拉通或断开时，螺旋线圈就会发出轻微的噪声。于是他产生了一个念头，既然空气能使薄膜振动发出声声音，那么反过来，如果用薄膜振动，能不能将人的声音传到远处去呢？

贝尔的设想得到了一位名叫沃特森的年轻技师的热情支持，精通电学的沃特森和贝尔一起参加了研究工作。

贝尔画图设计，沃特森精心安装，电线从贝尔房间通过领导房间，两端装上仪器，一次又一次地进行实验。

1875年6月的一天，坐在实验室里的贝尔，突然听见了放在桌上的新制的模型里传来“咯啦，咯啦”微弱不清的音响。他立即奔到隔壁助手的房间，兴奋地说：“我在那个房间里听见了机器的响声！”研究取得初步成果。

1876年3月10日，在美国波士顿法院路109号，贝尔和沃特森在相距100米远的两个房间内进行通话试验。沃特森突然从仪器中听到了贝尔的呼叫声：“沃特森，快来呀，快！”沃特森大步奔到贝尔的房间里，原来，当贝尔把一部分设备浸入硫酸里时，由于用力过猛，不慎将硫酸溅到了自己的腿上。他疼难难忍，大声呼叫，这声音通过电线传到了沃特森的接收器里。

世界上的第一部电话就这样诞生了。

知识链接

现在电话的信号是由光纤传输的，光纤是细如发丝的玻璃纤维。最早提出利用光纤进行通信设想的是英籍华人高锟，他还用最好的玻璃制成了第一批光纤。把若干根光纤合在一起就成了光缆。与电缆相比，光缆有重量轻、成本低的优点，而且能节省大量资源。光纤通信还有传输信息量大、传输损耗小、无电磁辐射及保密性好、抗干扰能力强等优点。

玩一玩

把两根稍长的铅笔芯靠近火柴盒底，从两壁穿过，再把稍短的铅笔芯横放在两根稍长的铅笔芯上。取一根电线，一端连在电池电极上，另一端连在两根稍长铅笔芯其中的一根上。把两根耳机线的一条连在电池电极上，另一条连在另一根稍长的铅笔芯上。拿起火柴盒对准它讲话。从耳机里可以听到你讲话的声音。

科学原理

电流进入石墨笔芯。当你朝火柴盒说话的时候，火柴盒底就会振动，这样就改变了笔芯间的压力，电流开始变得不均匀，电流的不稳定造成了耳机中声音的振动。因此，你的声音便从耳机内传出。

14.来路不明的“客人”

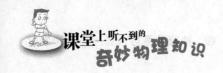

1928年，电信工程师卡尔·央斯基来到美国电话电报公司负责搜索和鉴别电话的干扰信号。

1931年秋天的一个上午，央斯基像往常一样，仔细地接听、辨别接收机里的各种信号。突然，他的耳机里传出一种奇怪的“咝咝”声。

细心的央斯基发现这种噪声不同于一般噪声，显得很平均，一直保持着那种“咝咝”的声音，而一般噪声的干扰是不稳定的。

“这里一定隐藏着什么。”他一边想，一边在心里小声地说。

一般人对一件小事，或者一个细节都很容易忽略，但年轻的央斯基却紧抓不放。这微弱的声音，却对后来的天文学界产生了巨大的影响。

“真是一件怪事，这种干扰信号竟然每隔23小时56分4秒就出现最大值，信号就特别强。”央斯基既非常困惑，又非常惊喜，并对这一“噪声”产生了很大的兴趣，希望能够破解其中的奥秘。

央斯基继续集中精力监听这一声音。起初，他推测这一微弱的声音可能来自太阳，后来发现这一声音每次总是提前4分钟来临，又推测它不是来自太阳。

“这个来路不明的‘客人’到底是谁呢？”央斯基彻夜未眠，他总想找到这身份不明的干扰源。

时间一天一天过去了，央斯基的研究仍然没有结果。

一次，他去一位朋友那里做客，当他谈及心中的难题时，这位研究天文学的朋友说："恒星时的周期比太阳时的周期每天要短4分钟。"

朋友的话就像什么东西刺激了他的神经，让他马上产生了灵感。他想："这个奇怪的信号，一定是和某颗恒星有关。这个无线电波一定是来自太阳系以外的一个地方。"

他经过一年多的精确测量和周密分析，终于确认这种"咝咝"声来自地球大气之外，是银河系中心人马座方向发射的一种无线电波辐射。

这个意外的发现，引起了天文学界的震动，从此，拉开了射电天文学研究的序幕。

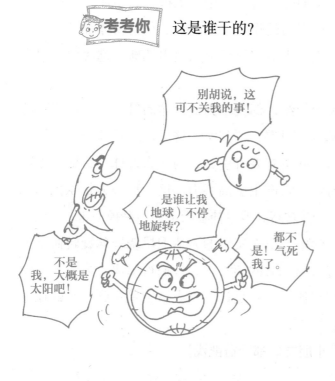

考考你 这是谁干的？

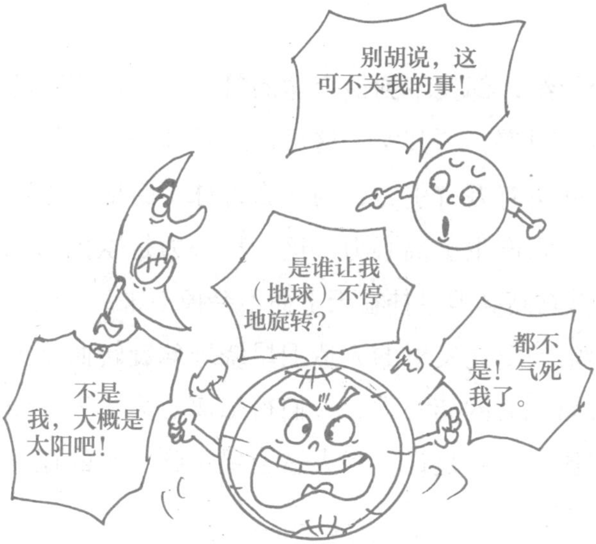

答案

是太阳的引力作用使地球不停地旋转。

15.掉下来的人造卫星

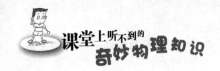

星期天，奇奇与巧巧去参观天文馆。这天去参观天文馆的孩子真多，他们都十分兴奋。解说员领着孩子们来到人造卫星面前，提出了一个问题：“同学们，你们知道我们无论向上抛什么物体，物体总会落回地面，这是因为地球引力的作用。地球上的任何物体都逃脱不了地球的引力的束缚。那么，人造卫星是怎么飞出地球，逃脱地球引力的束缚的呢？”

一时间，孩子们议论纷纷，都找不到最合适的答案。奇奇与巧巧也皱着眉头。这时解说员又说道：“其实，这可以从月球得到启发。你们知道，月球和地球之间也有万有引力，为什么月球不断地绕地球旋转，在月球旋转的时候，它产生了离心力，这股离心力是以抗衡地球引力对它的束缚的。所以它高高地悬挂在天上而不会掉下来。

“因此，我们的科学家们要让发射的人造卫星绕地球旋转而不掉下来，就需要使它具有抗衡引力的离心力。人们得知离心力的大小与圆周运动速度的平方成正比。也就是说，当人造卫星达到一定的速度时，它就不会从天上掉下来了。”

听完解说员的话，小朋友们都受益匪浅。

知识链接

要使物体不落回地面，其飞行速度要达到7.9千米/秒，也就是说，人造卫星如果达到7.9千米/秒的速度，它就会永远绕地球运行。

如果物体要脱离地球的束缚，飞向行星际空间，则需要达到11.2千米/秒的速度才能实现。

考考你

这本《漫游太空》封面上出了一点小问题，你能看出来吗？

答案

小鼠未戴氧气罩，这是不行的，因为太空中没有氧气，而人类或动物的呼吸都离不开氧气。

16.宇宙中的“黑洞”

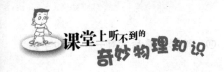

一天，果果问乐乐：“世界上什么最黑？”乐乐回答说：“黑布、墨。”果果摇摇头说：“如果一个物体能把照在它上面的光线全部都吸收掉，这个物体就算得上是最黑的。而什么黑布、墨，都只能反射很少的入射光，它们不是最黑的东西。”

“那么，什么是最黑的呢？”乐乐问。

“那就是宇宙中的‘黑洞’。”果果顿了下又说，“黑洞被定义为宇宙中具有超高密度的区域，它的引力极强，以致包括光在内的任何物质只要进入都无法从中逃逸。”

果果继续说：“光线只进不出，所以黑洞是看不见的，它不发光也不反射光。宇宙中的黑洞是一颗‘死亡’的恒星，一颗质量比太阳大10倍的恒星，在耗尽了内部的燃料后，就会坍缩为直径只有60千米左右的黑洞。因此，黑洞的密度相当大，它上面的一粒沙子，比地球上的喜玛拉雅山还要重。”

“黑洞既然不发光不反射光，那么我们是怎样发现它的呢？”乐乐问道。

果果一笑说：“其实，当黑洞周围的气体、尘埃在巨大的引力作用下，迅速地进入黑洞的同时，由于运动速度极大，温度很高，所以会发出X射线，这就暴露了黑洞的存在。科学家就用这种方法推断出了黑洞的位置。在X光图像中，气态物质都被吸引到了高密度的天体外围呈螺旋状由两个方向向中心靠拢，高温气体接近高密度天体时就突然消失，其X图像表现为发亮的蝶形中央有一黑点。”

知识链接

整个自然界是由不断运动着的物质组成的，绝对静止的物质是不存在的。物质运动必然会产生磁场，天体和磁场是不可分割的整体，只要天体存在，它周围就一定有磁场存在。各类物质结构由于运动方向不同、运动速度的差异，会产生无数大小不一、强弱不同的磁场旋涡，这种磁场旋涡就是“黑洞”。

考考你

这是一幅美丽的夜景图，不过这幅图中有一处是错的，你能看出来吗？

答案

星星不可能出现在月亮的阴影部，因为月亮的阴影部就是月亮的实体。

17.天体运动的规律

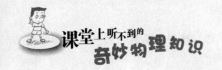

开普勒是个先天不足的早产儿，出生不久又得了天花、猩红热，高烧不止，导致了他后来的视力受到很大的损伤，还留下了一双不能正常走路的脚。但这一切并没有阻止他的科学梦想，他凭借着惊人的毅力，走进了大学，在马斯林教授的影响下，开始了天文学研究，并且成为举世闻名的天文学家，并为牛顿的万有引力定律的提出打下了坚实的基础。

他的眼睛既近视又散光，但是借助工具，他仍顽强地观测天象。有一天，他忽然想：星星们一定是在各自的轨道上运行的，要不，杂乱无章的天体不就撞成一团了吗？那么，天体之间的运动又有什么规律呢？他决定探其究竟。

从一开始，开普勒把宇宙中的天体想象成一个几何结构模型。他反复计算、分析，并以火星为对象，进行了七十多次的计算，设计它的运行轨道，可是每次都与实际观测的数据相差0.133度。为什么会出现这样的问题呢？他日夜思索，终于明白了，自己把火星运行轨道假设成圆形，事实上，火星运行的轨道是椭圆形的。这样，他的计算结果与实际观测的数据正好吻合。因此，他也成了第一个从理论上计算出火星运行轨道的人，后来他的这一发现被称为“开普勒第一运动定律”。

随后他发现，火星离太阳越近，运动得越快；相反，则越慢。这便是“开普勒第二运动定律”。10年后，他又发现“开普勒第三运动定律”：行星公转周期的平方和它轨道半长轴的立方成正比。

开普勒的行星运动三大定律，揭示了天体运行不互相“撞车”的奥秘。

知识链接

行星运动第一定律：所有行星绕太阳的运动轨道是椭圆，太阳位于椭圆的一个焦点上。

行星运动第二定律：连接行星和太阳的直线在相等的时间内扫过的面积相等。

行星运动第三定律：行星绕太阳运动的公转周期的平方与它们的轨道半长径的立方成正比。

考考你

以下哪些不是天体：A.白矮星和黑洞。B.天王星和大卫王星。C.类星射电源超新星星。D.中子星和星系。

答案

应为B。即天王星和大卫王星不是天体。天体是太阳、地球、月亮和其他恒星、行星、卫星以及彗星、流星、宇宙尘、星云、星团等的统称。

课堂上听不到的奇妙物理知识

五

隐形的魔术大师——大气

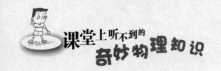

1.突然胀起的肚子

1842年，世界上第一条过江隧道诞生了。

这条过江隧道长达459米，从英国泰晤士河河底穿过，对于两岸交通的沟通起到了很大的作用。

隧道通车的时候，人们在隧道里举行了小型的宴会。建筑者们用香槟酒互相庆贺这一隧道的通车，但当人们打开酒瓶盖的时候，酒瓶里冒出的泡沫不像往常一样往上喷，酒喝在嘴里也不够味。宴会结束时，喝了大量香槟酒的人们从隧道里走到地面时，突然感到肚子不舒服，喝进去的酒在肚子里像翻江倒海一样，外衣马上被肚子撑圆了，肚子里的气好像要从耳朵眼儿里钻出来似的。

人们不知道这是怎么回事，不过一些聪明的人马上意识到这是肚子里的香槟酒发作了，赶快跑回隧道深处，让肚子里的气体平息下来。

过了一段时间，人们才从隧道深处回到地面，平安地回到家里。不过他们非常疑惑，不明白这是怎么回事。你们明白这是怎么回事吗？

科学揭秘

香槟酒中溶有大量的二氧化碳气体，二氧化碳在常温常压下是一种无色无味的气体，它不是很情愿地待在水里，在制造汽水或香槟酒时，人们必须对二氧化碳加上很大的压力，因为压力越大，溶在水里的二氧化碳气体越多，然后盖紧汽水瓶盖，二氧化碳气体就被牢牢地关在里面了。打开瓶盖，压力骤然减小，二氧化碳气体会争先恐后地冲出来。

在地面上打开瓶塞和在地下隧道中打开瓶塞情况不同，因为地底下的大气压要比地面上的高一些，由于压力大，从香槟酒里跑出的二氧化碳气体要少一些，也就是说留在肚子里的二氧化碳要多一些。待人们走到地面上时，由于压力减小，二氧化碳气体会从肚里的酒中争着往外跑，自然把肚子撑得滚圆，使人非常难受。当人们立即返回到地底下，气压重新增大，二氧化碳气体就不再继续往外跑，人就又能忍受了。这时最好的方法是极缓慢地从地底下返回上来，好让二氧化碳气体有时间排出去。

知识链接

潜水员从深水升起的过程，应该十分缓慢，让血液里多溶进去的气体一点一点地从肺部排出去以后，再升出水面，这样就不会引起疾病。

2.虔诚的教徒

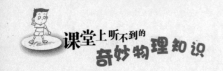

在古代的埃及，每一座庙宇的前面都会有一块空地，每天清晨挤满了前来祭祀的教徒，他们都安静地等待庙门的打开。

一天，贫穷的巴拉法特远道赶来，挤在人群里，他是个虔诚的教徒，好不容易才来到这里祭祀。不一会儿，祭司走过来，站在庙门外的祭台前，点着了火。随着祭火的燃烧和祭司的祷告，庙门慢慢地自动打开了。巴拉法特睁大双眼看着这神奇的场面。虽然他早有耳闻，但自己在现场见到这种场面还是第一次，于是他更加相信祭司是神派来主持祭祀活动的。

门打开以后，教徒们随着祭司鱼贯而入。巴拉法特看到前面的人在进门时还献上了自己带来的点心、水果、肉、布匹、钱财等；在他们求神保佑时，油源源不断地从神像的手上流下来，淌到火上，火越烧越旺。巴拉法特很穷，拿不出钱物，但他相信自己对神的真诚。轮到他祷告了，却发现眼前的火越来越小，抬头一看，那神像的手上再也没有油淌下来。巴拉法特非常惊慌，心里不住地想：这是神对我的惩罚吧？他失魂落魄、头晕眼花，也不知道自己是怎样走出寺庙，重新踏上无尽的归途的。

其实，这根本不是神的惩罚，分明是祭司做的手脚，想骗信徒们多献钱物罢了。可怜的巴拉法特却一直蒙在鼓里呢！

那么祭司是怎样玩弄手段欺骗信徒的呢？

科学揭秘

庙门是怎样自动打开的呢？原来在祭台下是个金属空桶，火烧起来以后，桶中的空气受热膨胀，通到地下密封的大油箱中，将油压到旁边的小桶里，小桶下降时通过绳子、滑轮，使门轴转动，门就打开了。

油是怎样自动从神像的手上流到火上去的呢？原来在祭火下面也有个金属桶，桶中的空气受热后会膨胀，通入地下密封油箱，把油压进神像中的暗管从手上流了出来。当祭司暗中把油箱中的一个小活塞打开时，热空气就从这里跑出，不能将油压入暗管，神像手上就没有油流出了。

知识链接

水泥路面为什么隔一定距离要留一条缝？因为水泥路面夏天受热会膨胀，遇冷会收缩，隔一定距离留一条缝就留出了路面伸缩的空间，不容易损害水泥路面。

考考你

果果有一枚铜钱，如果把他的那方孔铜钱加热，它们周长会变长一些，那么它中间的方形孔有变化吗？

答案

中间的方孔会变大。因为铜钱受热后会向四周膨胀，铜钱边缘向外膨胀，而不向内侧膨胀。

3.盲人的感觉

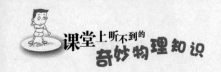

这天，太阳暖洋洋的，有位盲人家里腌菜的坛子破了，他决定吃过早饭之后就上街去买个新坛子。走在大街上，他就听到有人在西边的墙脚下喊：

“卖坛子！有黑的，有白的，质量第一，做工漂亮，价钱适宜，童叟无欺！”一面喊还一面用小棍敲着摆满一地的坛子，发出清脆的声音。

“你这两种坛子大小一样吗？什么价钱？”盲人走过去问。

“大小形状都一样，不过，白坛子要比黑坛子贵，黑的十块钱一个，白的二十块钱一个。”

“这我知道，白坛子烧制的时候，火要更旺，它的质地比黑的更坚硬。”盲人说。

“先生是个行家啊！你要哪一个？”

“你给我挑个白的吧！”

卖坛人拿了一个白坛子，刚要给他，忽然灵机一动，随手换了一个黑坛子递过去，他想见识见识这位盲人的真本事。

盲人接过坛子里里外外摸了一遍，然后他又摸了摸地上的几只坛子，生气地说：“这是个黑坛子！你竟然是个骗子！”

“请先生不要生气，”卖坛子的人忙解释道，“我不是存心骗你，而是想见识一下你的本事。你是如何分辨黑白的？”

“你真想知道？”

“当然。”

“好！我说给你听听！”

你猜猜这位盲人是如何分辨这坛子的黑白的吧。

科学揭秘

盲人告诉卖坛子的说：“我是靠手的感觉判断的。你的这些坛子让太阳一晒，都变暖和了。可是黑色吸热多，白色吸热少，所以黑坛子就比白坛子更暖和些。我摸了几个坛子，就很容易分辨出哪个是黑的，哪个是白的，其实，我不用手摸，只靠耳朵听也能分辨出这两种坛子。白坛子因为质地更坚硬，声音更高些、更脆些、更实些。当然啦，用手摸不是更简单些吗！”

考考你

这个小朋友拿着两个一样大的气球，里面装着同样多的氦气，只是一个是黑色气球，一个是白色气球。请问，如果同时放飞，在阳光灿烂的天气里，哪个气球升得快些？

答案　黑色气球升得快些。因为黑色气球吸收阳光要多些，球内气体受热膨胀，上升加快。

4.煮不死的鱼

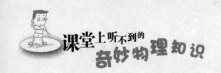

“阿凡提，最近听说你买了几条漂亮的鱼，想必一定很好吃吧。”贪婪的财主问道。

“不，老爷，金鱼好看不好吃。”阿凡提不卑不亢。

“哼哼，我不信！”财主霸道惯了，“明天拿你的金鱼来，我要亲口品品鲜。”

财主不管阿凡提如何解释，他都不听，一定要把金鱼煮着吃。阿凡提在回家的路上边走边想，突然脑海里生出一条妙计。

第二天，阿凡提提着鱼缸来了。里面的金鱼闪光发亮，优哉游哉。财主一看，馋涎欲滴，马上令人煮鱼。

“慢着，这可是神鱼，你吃了小心冒犯神灵受惩罚。”阿凡提说。

“我偏要吃。”

“神鱼是煮不死的，难道你要生吞活鱼？”

“哪有煮不死的道理！拿锅来！”

“不必了，这里有锅。”阿凡提指指鱼缸下面那盒子样的东西，拿开了一看，原来是个锅。阿凡提让仆人倒进水去，又舀了几条金鱼放进去，便在下面生起火来。过了一会儿，锅里的水沸腾了，热气突突向外冒。阿凡提边撤火边舀出锅里的开水洒在地上，水洒在地上啪啪作响。

“水烧开了，你亲眼看到了吧？再看看鱼！”阿凡提说着，将鱼倒进鱼缸，鱼活蹦乱跳，根本不像在开水里待过的。

财主愚昧无知，信以为真，只好让阿凡提带着金鱼走了。

你知道这是怎么回事吗？

科学揭秘

阿凡提连夜打制了一个双层锅，内锅的下面包上了隔热的石棉。这样，在火烧外锅时，外锅的水烧开了；热传到内锅时，只能传给内锅的上沿，只能烧开内锅最上面的水。由于水是热不良导体，热水在最上面，又不能形成对流，所以锅下部的水仍是冷的。鱼在冷水里，当然安危无恙。当然，时间久了以后，下部的水也会因传导而热起来，所以，阿凡提及时撤火并把上部的开水舀出来倒掉。

考考你

你说，这个用纸做的锅能把水烧热吗？为什么？

答案

能。因为在水烧热的过程中，火带的热量被水吸收了，纸锅不会达到燃点。

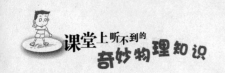

5.降落伞的孔

毛毛和豆豆听说体育场有跳伞表演，他俩特别高兴，因为他们是跳伞运动爱好者。这一天，他们看得眼花缭乱，有半球状的伞从天而降，飘飘欲仙；有高空踩伞，一个踩一个……在蓝天白云的衬托下，这些色彩绚丽的伞面就像开放在天空中鲜艳的大花朵，个个都让人赏心悦目。

回来的路上，毛毛忽然说："我有个问题不明白，为什么有的降落伞在伞面的正中央有个孔呢？"

"你看得真仔细，我还没有注意呢，我想这个孔是为了减少阻力吧。"豆豆说。

"减少阻力吗？降落伞不就是利用它的阻力吗？"毛毛说。

"是呀！降落伞下降时，对空气来说，相当于伞不动而气流向上冲，气流碰到伞面就被挡住了，这时它对伞面有一个向上的推力，可以使伞减速下落，保证了跳伞员着陆的安全。既然降落伞是利用空气的阻力，为什么又要开孔呢？"豆豆也感到困惑了。

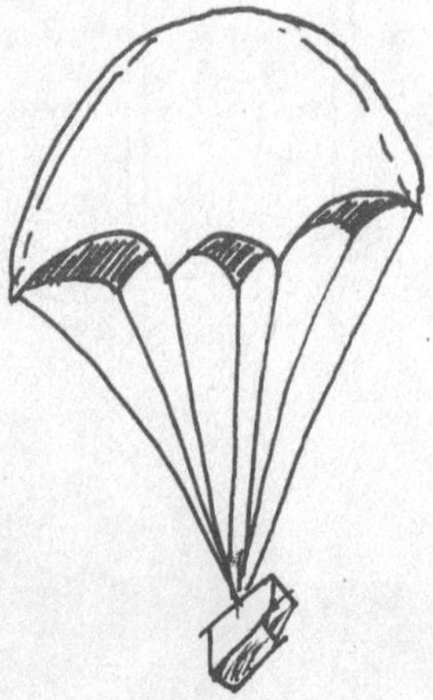

那么，你知道为什么降落伞在伞面中央开孔吗？

科学揭秘

降落伞在下落的时候还有气流，气流向上时，正中间的部分被伞阻挡，周围的部分沿着伞的圆周以外到伞上面去了。伞顶不是流线型的，这些气流不能顺畅地过去，必定在伞边出现旋涡，人们叫它涡流。伞顶开孔就是为了解决伞边上方的涡流所造成的问题。伞的四周都会有涡流产生，但这些涡流绝不会一样。这样，产生较大涡流的一边，使伞受的阻力增大，结果就使伞发生摇摆，不利于跳伞员控制下落的路线。伞的正中开孔后，有一股气流向上冲去，速度较大。这样伞边上方的气流不容易产生涡流而都随中央气流一起上升，从而保证了伞在降落过程中的稳定。

知识链接

飞机在扰动层中飞行，由于绕过飞机的气流速度场的不均匀性，即所谓“阵性”造成飞机水平速度的“脉动”，从而使飞机承受过负荷。这就是扰动气流引起飞机颠簸的根本原因。

玩一玩

取出一枚硬币和一张纸，把纸按照硬币大小剪下，然后把小纸片放在硬币上面，之后让它们平行下降，再让小纸片和硬币分开降落。当纸片放在硬币上让它们平行下降时，硬币和纸片会同时落地；当把它们分开降落时，硬币会先落地。

科学原理

纸片放在硬币上时，纸片受到硬币的保护，下落时没有受到空气的阻力；硬币和纸片分开降落时，较轻的纸片在遇到空气的阻力后下降的速度比硬币慢很多，从而后着地。

6.曲突徙薪的故事

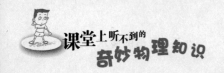

在古代，有个农家小院，它的主人是个勤劳、利落的人，农具摆得整整齐齐，直直的烟囱立在屋边，旁边堆着一人多高的木柴，近段时间，主人还盖了三间北房。

“方哥，你看谁来了？”邻居天明领着邻村的一位长者进了小院。

“大伯，里面请。很久没见，今天怎么有空来了？”方哥迎上前去。

“看看你们家的新房啊，真漂亮，给你道个乔迁之喜啊！”

大伯看着干净的小院，整齐的新屋，心里高兴，赞不绝口。走到炉灶旁，他忽然停下对主人说：“你这烟囱是直的，应该改成弯的；这堆木柴离炉灶太近，应该挪远些，以免发生火灾！”

“大伯说得对，方哥，我帮你改烟囱、挪木柴，你说什么时候干？”天明是个热心肠。

“等以后再说吧。天明，你先替我到集上打酒买肉，咱们一起欢聚。”主人吩咐道。至于改烟囱的事，他心里想：哪会这么巧，偏让我的新房子失火？

没过几天，他家真的失火了。村里各家虽不吃一锅饭，但胜似一家人，老老少少都来帮助救火。人多心齐，不一会儿，火灭了，房子总算是保存下来。这个故事告诫我们，凡事都要防患于未然，早除隐患才不致酿成大祸。

可是很奇怪，为什么大伯的话这么显灵呢？

科学揭秘

因为炉子上装烟囱，是为了加强空气的对流，以使炉火旺盛。因为燃烧后的热气能通过烟囱顺利地上升排走，周围的冷空气就容易从炉灶下口进入补充，使木柴的燃烧快而充分。但在农村，烟囱不会太高，它的上口离屋顶的茅草较近，火烧得很旺时（如有风时，对流加快，火就烧得很旺）常有火星甚至火苗蹿出，很容易引起火灾。改为弯曲的烟囱，一来可以控制对流速度，不易有火星蹿出，也减少了热量的损失，使更多的热量能留在灶里；二来可以控制烟囱出口的方向，使热的烟气远离房顶的茅草。总之，“曲突”既可以让火烧得旺，又减少了不安的因素。

考考你

你知道了曲突徙薪的故事，也许你也见过许多的烟囱，但是你知道为什么要建烟囱吗？它们的作用是什么呢？

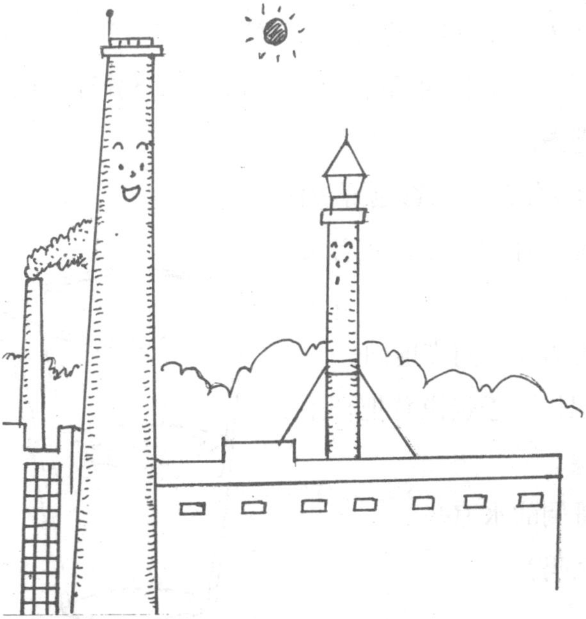

答案

烟囱有输送氧气和排出煤烟的作用。

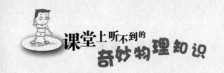

7.哪个杯子凉得快

炎热的夏天，爸爸出差后回到家，哥俩忙给爸爸倒水。可惜没有凉开水，只有刚开的水。总不能让爸爸喝滚烫的水啊，他一定口渴得厉害。他们想起冰箱里还有一些小冰块。

弟弟抢着把杯子倒上开水，接着就拿了冰块投了进去。

哥哥一看，急了，说："爸爸等着喝水，你不该先放冰块，先放冰块水凉得慢！"

"无所谓，反正冷却的时间都是一样。"弟弟不服气。

"我说了你就是不相信，咱们比较一下试试看。"哥哥说着麻利地拿了一个相同的杯子，倒上相同的开水，凉着。过了5分钟，他拿了一块相同的冰块投了进去。

弟弟的水总共冷了7分钟，爸爸刚好擦洗完换好衣服，他先端起一杯水来尝，接着又端起另一杯。

"哪个凉？"兄弟俩异口同声地问。

"你们自己尝尝吧！"爸爸说着把杯子递了过去。

兄弟俩发现，哥哥倒的水凉些。

你知道这是为什么吗？

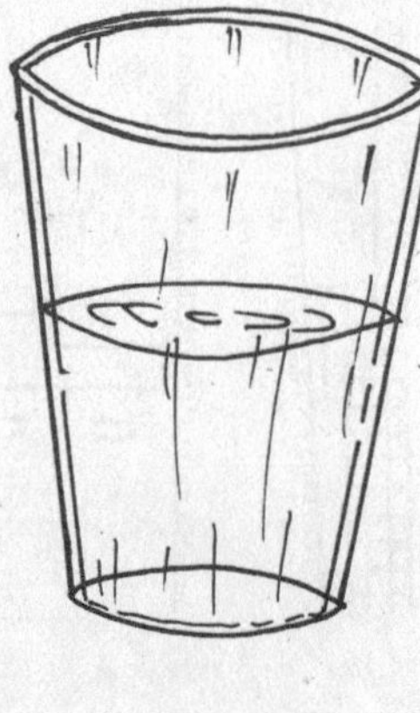

科学揭秘

哥哥倒的那杯水凉得快，即晚放冰的水凉得快。高温物体向外散热时，它与周围的环境温度相差越多，散热就越快。这是牛顿发现的关于冷却的规律。所以高温物体在散热时，总是开始阶段冷得快，越往后与周围温度的差越小，冷却得越慢。弟弟先放上冰块，冰块立即从开水那里吸收热量而溶解，而升高温度；同时，开水由于大量放热给冰块，温度很快下降，它与周围的温差小了，再散热就慢了。哥哥的那杯，开始是开水，与周围温差大，它散热降温也比较快，等它温度迅速降低后再加冰块，热水由于大量散热给冰块，它的温度又能迅速下降，所以后放冰块的开水凉得快些。当然，如果放的冰太多，或太少，这种差别就不容易观察到。

知识链接

在火上煮粥或稀饭时，用勺子搅动，可以加快粥内热的对流，从而使粥热得更快一些。

考考你

这三只杯子大小相同，杯内装有同样温度同样容量的开水，分别放在铁板、木凳、瓷砖三种不同的物质上。请问，哪只杯子里的水凉得快？

答案 放在铁板上的开水凉得快。因为木板、瓷砖、铁板比较起来，铁板的传热最快。

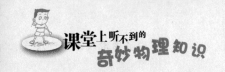

8.头发绳的秘密

如同天气预报的一样，这是个台风过后初秋的爽朗的一个早晨。

某海边公寓的813号室，突然传来一声枪响。睡在床上的外国女游客被击中头部，当即死亡。她服了安眠药，睡得很死。

凶器手枪被固定在床头上，可不知为什么，扳机处系的却是用被害人长长的几根金发编在一起拧成的头发绳，而且另一端系在柱子的钉子上。

不久，通过搜查逮捕了凶手。但奇怪的是，在调查时却发现了此人不在现场的证据时，此人前一晚上正好在刮台风时离开了公寓，而次日枪声响时，则在距离现场很远的地方。

那么，他究竟是怎样开的枪呢？

科学揭秘

一方面，由于热带性低气压的关系，台风通过时温度很高。另一方面，头发具有这样一个特性，即温度一低就会收缩，温度一高就会伸长。

凶手恰恰利用了头发的这两个特性作的案。在台风通过时，在手枪的扳机上系上用长长的头发做的绳，等台风过后天气放晴时温度降低，头发就开始收缩，靠这种收缩的力而拉动扳机，就使枪“自动”扣动扳机了。

知识链接

人的头发，特别是金发，每米有约2.5厘米左右的伸缩度。人们在很早以前，就利用头发的这种特性，制成了头发湿度计。

考考你

请你仔细瞧瞧，这两幅图哪一幅不正确。

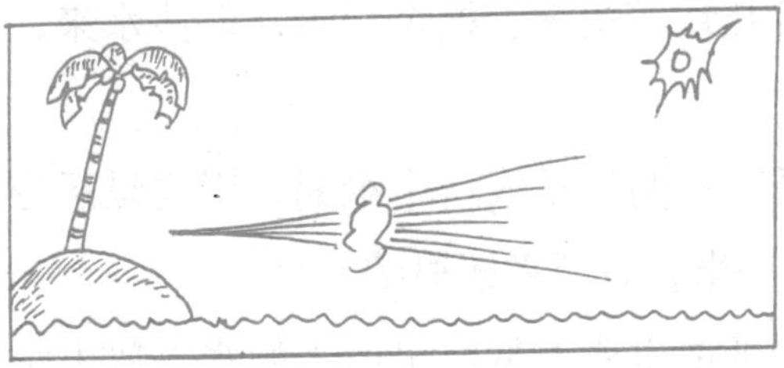

A

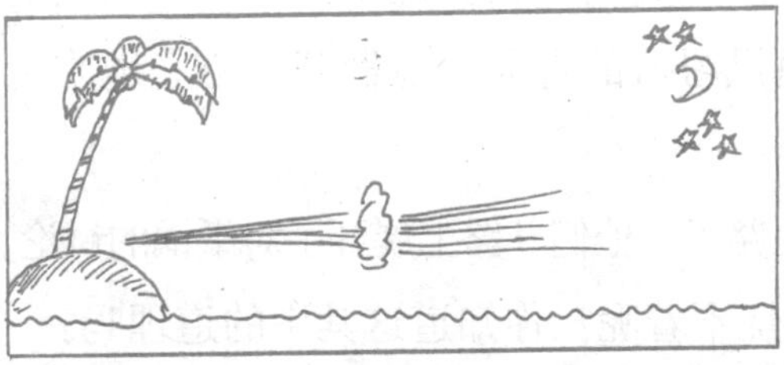

B

答案

B不正确。夜晚风是从海面吹向陆地的。

9.纸锅烧水

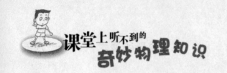

星期天，兵兵、果果和文文约好去郊外春游。

中午时分，他们选好一块空地准备热饭填肚子时，却遇到了一个小麻烦。

“果果，说好让你带个小锅，怎么不带?”

“没有锅怎么热饭呢?”

果果一声不吭，慢慢地从书包里拿出一张牛皮纸来，伸开摊平，好像是对不住大家的样子。文文想坐上去，果果急忙说：

“不能坐，这是咱们的锅!”

“锅？别开玩笑啦！”

“真没错，只需要你去找几块石头来，摆个锅台，取些水来，我就可以为你们热饭啦。”

果果边说边把这张长方纸三折两折折成一个纸锅。锅底是正方形的，边长正好是长方纸宽边的一半。看起来还很结实呢!

三块石头一摆就算锅台，纸锅里盛上从河里舀来的水，放上每人拿来的熟鸡蛋、袋装奶，下面点燃起枯树枝。过了一会儿，水真的烧开了，纸锅安然无恙。在这凉风习习的春天，他们开开心心地吃上了热鸡蛋，喝上了热牛奶。

等余火全都灭了，他们又上路了。他们一路上展开了对纸锅的讨论。

为什么水都开了，纸锅还烧不着呢？你知道这其中的道理吗?

科学揭秘

我们知道，纸达到一定的温度才能燃烧，这个温度叫燃点。一般的纸，燃点约在180℃。火焰温度约600℃，用火直接点燃，纸很容易烧起来。在纸锅里放进水以后，火的热量通过纸传给水。平常，水的最高温度就是100℃，远低于纸的燃点，所以只要纸锅里的水没烧干，纸锅就会仍然在100℃以下，当然烧不起来啦。

知识链接

在热传递过程中，物质并未发生迁移，只是高温物体放出热量，温度降低，内能减少(确切地说，是物体里的分子做无规则运动的平均动能减小)，低温物体吸收热量，温度升高，内能增加。因此，热传递的实质就是内能从高温物体向低温物体转移的过程，这是能量转移的一种方式。

考考你

下面有两个水龙头，一个是热水，一个是冷水。你不用手去摸，能分辨得出哪个龙头出热水吗?

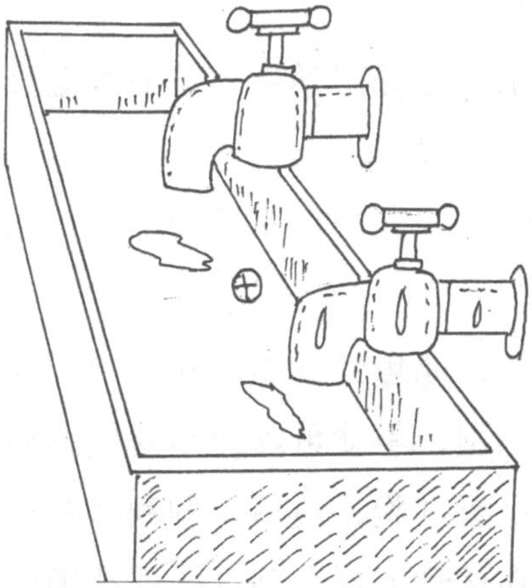

答案

有水珠的龙头是冷水龙头，无水珠的是热水龙头。因为热水龙头散热，不会凝聚水珠，而冷水龙头吸热，所以表面挂有水珠。

10.能测出体温的玻璃棒

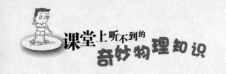

1600年，伽利略来到威尼斯的帕多瓦大学任教。

一次，伽利略在和该校一位解剖医生交谈时了解到，医生对病人的发烧程度不容易做出准确判断。他心里不禁想道：“要是能发明一种能测量人的体温的东西该多好呀！”

一天，在上课时，伽利略向他的学生提问：“人生病时，血液温度通常会升高，怎样才能测出人体血液的热度呢？”

有个学生站起来答道：“用手摸额头！”

“不，”伽利略当即纠正，“应当用数字来测量。”

那么，该用什么东西来测量出人在生病时的温度呢？

伽利略投入了这项研究课题。经过反复试验，均告失败。然而，一次物理实验课却使他茅塞顿开。

那天在实验课上，他边做示范边提问学生：“当水温升高特别是沸腾时，水为什么会在容器内上升？”

“因为水加热后，体积会膨胀，就会在容器内上升；如水冷却，体积变小，就会在容器中下降。”学生回答。

这一问一答，启发了伽利略，他想：既然水在不同温度条件下可以在容器中升降，那利用这个原理，不就可以测出身体的温度吗？伽利略欣喜若狂。于是，又经过反复试验，最后，伽利略在一根细试管装上水，排出空气后密封，又在试管上刻上刻度，就准确地测出了身体的温度，世界上第一支体温计就这样诞生了。

知识链接

目前，世界上广泛使用的是摄氏温度计。这种温度计的命名是取瑞典科学家摄尔修斯的中国译名的第一个字。1742年，摄尔修斯把水结冰时的温度定为零度，水煮沸时的温度定为一百度，中间划了一百个等份，每一份为一度。他还把细玻璃管改得更细，管内注入水银，以显示温差。“摄氏温度计”不仅携带方便，而且，测试的温度也相当准确。

眼界大开

体温计一般在腋下、口腔、直肠等处使用，人们普遍感觉不方便或不舒服。耳式温度计是通过测量耳朵鼓膜的辐射亮度，非接触地实现对人体温度的测量。只需将探头对准内耳道，按下测量钮，仅有几秒钟就可得到测量数据。

考考你

A和B是两支温度计，你知道哪一支是寒暑表，哪一支是体温表吗？

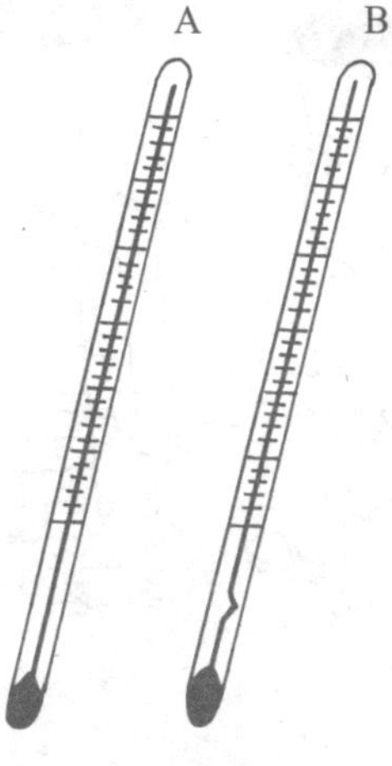

答案

A是寒暑表，B是体温表。体温表有一段弯曲部，需要用力甩体温表，才能使体温表中的液体下面降低。

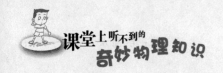

11.夜里的怪声

小李跑到派出所向警察求助，说他家中经常闹鬼，夜里常听到院子里有“嘣嘣”的声音，就像有人在翻东西，去一查，什么也没有。

警察听了小李的叙述，决定到现场去看个究竟。

中午的太阳晒在人身上暖洋洋的。警察找了半天也未见到什么疑点，便坐在散放在院子一角的一堆油桶上。

“哎哟！”警察刚坐下又站了起来，原来油桶被太阳晒得滚烫的。

“我明白了！”警察突然拍着脑袋叫了起来。

小李却仍愣在那儿。

那么，你知道警察到底明白了什么吗？

科学揭秘

原来，夜里院子的怪声音来自油桶。油桶白天在太阳的烤晒下变热膨胀，到了夜里因温度下降发生收缩，便发出响声来。

知识链接

物体被加热之后，随着温度的不断升高，构成物体的分子的运动逐渐加剧，于是分子与分子之间的距离也就一点一点地拉大了。也就是说，从物体的整体上看，物体就变得膨胀了。

另外，物体的膨胀率是由物体本身所决定的，所以不同的物体，其膨胀率也是各不相同的。物体的膨胀也按固体、液体、气体的顺序依次变大。

考考你

下面有两只玻璃杯，一只厚，一只薄。冬天，小明将开水倒入这两只杯子中时，一只杯子突然炸裂。请问，是哪只杯子炸裂了？为什么？

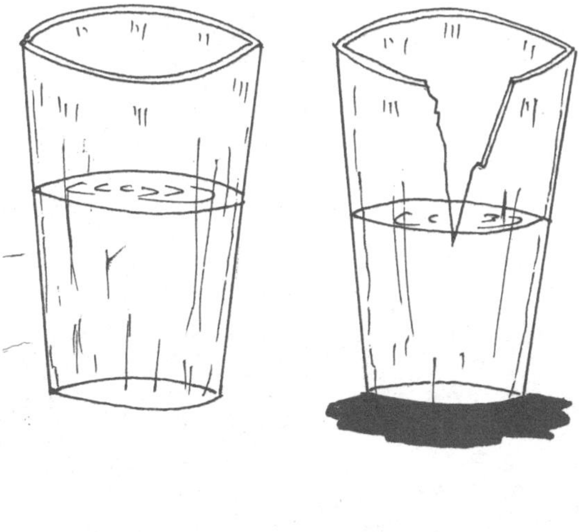

答案

厚杯子会炸裂。因为它传热慢，里层的玻璃受热膨胀，而外层的还保持原状，所以会炸裂。